經營顧問叢書 ⑯316

危機管理案例精華

李家修　編著

憲業企管顧問有限公司　發行

《危機管理案例精華》

序　言

居安思危，未雨綢繆，面對危機案例，有效擺脫困境，這就是我們撰寫《危機管理案例精華》之目的。

作者撰寫《企業併購案例精華》上市後，獲致眾多企業好評，再版多次，2015 年推出《危機管理案例精華》一書，書中分析各種危機案例的性質，指出解決危機的具體工作，濃縮提煉出企業可從容引用的具體作法，來克服各種危機。

「危機不可避免」是國外對 85%以上企業調查的結果，中外企業家對此斱是共同承認的。

海恩定律告訴我們，一次危機事件後面隱含著 29 次未遂事件，300 次差錯，1000 次隱患。1000 次隱患才是危機事件發生的全部原因。千里之堤，潰於蟻穴。

在變幻莫測的市場競爭中，企業必須保持高度的危機感，時刻留意市場變化，加強內部管理，在強大的競爭壓力下不斷奮進。

危機經常在企業經營管理鏈條中最薄弱的環節爆發。例如一家工程建築公司發生了吊車車臂斷裂事件，壓死過往行人，。這起危機事件就發生在該公司業務最紅火的時候，大家只看到訂單源源不斷，卻忽視了不好的一面，它所造成的生產能力瓶頸，趕工就會引發工程建設薄弱處的異常事故。

古人說：居安思危，未雨綢繆，道理雖然簡單，但對企業來說，這是非常有用的一個公理。

所謂「防患於未然」，危機管理的功夫首先在於預防。就企業危機管理而言，「防火」勝於「救火」，當「火災」發生以後，再去撲救，造成的損失已經成為既成事實。所以，對於企業而言，明智之舉是不使這種「火災」發生，及早發現危機的某些早期徵兆，將危機消除在萌芽狀態。優秀的企業都有很強的危機預防意識。

魏文王問名醫扁鵲說：「你們家兄弟三人，都精於醫術，到底那一位最好呢？」

扁鵲答說：「大哥最好，二哥次之，我最差。」

文王再問：「那麼為什麼你最出名呢？」

扁鵲答說：「我大哥治病，是治病於病情發作之前。由於一般人不知道他事先能剷除病因，所以他的名氣無法傳出去，只有我們家的人才知道。我二哥治病，是治病於病情初起之時。一般人以為他只能治輕微的小病，所以他的名氣只及於本鄉裏。而我扁鵲治病，是治病於病情嚴重之時。一般人都看到我在經脈上穿針管來放血、在皮膚上敷藥等大手術，所以以為我的醫術高明，名氣因此響遍全國。」

企業危機每天都在發生，也在消弭。因此，「無論你是多麼知名的企業，都不可能不遇到危機，但面對危機該怎麼辦？」這是擺在我們面前的一個時代課題。

無論你是多麼知名的企業，都不可能不遇到危機，但面對危機該怎麼辦？企業必須牢牢樹立危機意識，不斷加強危機管理，盡可能地減少企業危機所帶來的損失，才能使企業在市場競爭中立於不敗之地，才能促使企業快速、持續、健康的成長。

在同樣的危機面前，為什麼有的企業可以從容自如，在最短時間內從危機中走出來，甚至可以化危為機，而有的企業卻用沉默來回避危機，甚至手足無措，結果損失慘重？危機結束後，為什麼有些企業始終走不出危機的陰影？而有些企業卻能夠以此為契機進行調整，然後快速發展？……………….

毫無疑問，是企業面對危機的心態、處理危機事件的能力、危機事件的應對策略、危機事件的管理方案，決定了企業危機事件之後的不同結果。

很多企業是出了事以後才想到危機管理的處置對策，其實有些危機案件是可以通過技術和專業手段去修補和改善的；誠懇地認清、及時地改正，並且面對現實而接受，是最好的危機解決方案。

本書是專門針對如何應對企業危機而撰寫，每章都列舉各類型的危機案例，並加以分析，目的在於使讀者通過案例學習教訓，來增強危機管理處置能力。

面對世界各國的企業危機案例，我們必須時刻吸取教訓，絕對不能夠讓自己成為下一個危機案件的倒下者。為此，企業必須牢牢樹立危機意識，不斷加強危機管理研究，既有預防措施，而一旦發生危機案件，也能夠迅速有效解決，盡可能地減少企業危機所帶來的損失，才能使企業在市場競爭中立於不敗之地，才能促使企業快速、持續、健康的成長。

2015 年 7 月

《危機管理案例精華》

目　錄

第 7 章 處理危機的溝通原則 / 134

第 8 章 危機消除後的疏導 / 162

第 9 章　危機處理的執行計劃 / 176

第 10 章　危機管理的演練 / 201

第 11 章　危機狀態下的溝通管道 / 216

第 12 章　危機的謠言管理 / 228

第13章　常見的危機公關策略 / 259

第 1 章

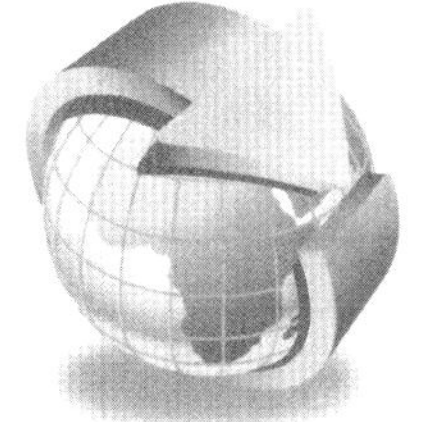

危機管理的二個階段

重點解析

一、危機預防階段

1. 危機意識的培養

有句成語叫「未雨綢繆」，警醒人們做任何事情都要有個提前，要做好各項準備和應對工作。即無論企業還是個人，凡事要做最壞的打算，而朝著最好的方向努力。只有這樣，當危機來臨的時候，才能從容接受危機和應對危機。

如果將一隻青蛙放進沸水中，它會立刻試著跳出來。但是如果將青蛙放進溫水中，不去驚嚇它，它將呆著不動。甚至慢慢加溫，當溫度從 70 華氏度升到 80 華氏度，青蛙仍顯得若無其事、自得其樂。可悲的是，當溫度慢慢上升時，青蛙將變得愈來愈虛弱，最後無法動彈。雖然並沒有什麼限制它脫離困境，青蛙仍留在那裏直到被煮熟。這是因為青蛙內部感應生存威脅的器官只能感應出環境中激烈的變化，而感應不到緩慢、漸進的變化。

1977 年紐約大停電事件。1977 年 7 月，紐約的聯合愛迪生公司(Consolidated Edison)主席查理斯· 盧斯(Charles Luce)在一次電視採訪中曾信誓旦旦地對外界宣稱：「聯合愛迪生公司的系統處於 15 年以來的最佳運作狀態之中，這個夏天完全沒有問題。」然而就在 3 天以後，由於公司的系統發生故障。整個紐約城區出現 24 小時停電。因此，組織應樹立危機意識，不僅在組織剛剛發展和處於逆境時看到組織危機的存在，更應該在組織鼎盛的時候，居安思危，未雨綢繆，因為危機往往具有潛伏性，可能一個小小的疏忽就會引發危機，從而導致組織的全面崩潰。

2. 危機的確認

此階段的任務是確認預想的危機是否是真的危機，管理人員必須分清存在問題的性質，採取不同的辦法加以處理。公眾的感覺往往是引起危機的根源，而危機管理者或者組織負責人卻往往為他們假想的危機忙碌很長時間以後才發現，真正的危機就在自己的身邊。其實危機管理者有時必須充當偵探的角色，在尋找危機發生的相關蛛絲馬跡的時候，不妨聽聽公司各個層次和各級別人士的看法，並與自己的看法相互印證，從而使得危機的判斷更加準確。

在危機預防階段建立危機的預警機制並採取相應措施，消除危機可能爆發的隱患和潛在因素，對企業和任何組織，都是既簡便又經濟的方法。

如 1994 年年底英代爾公司奔騰晶片發生危機，其實引發這場危機的根本原因是英代爾將一個危機處理問題當成一個技術問題來簡單對待了。隨之而來的媒體報導是毀滅性的，不久之後，英代爾在其收益中損失了 4.75 億美元。

二、危機處理階段

1. 危機的控制

一旦危機爆發，將會有許多相關問題隨之發生，關鍵是組織如何控制住危機。危機控制需要根據不同情況確定工作的先後次序。

首先，危機管理小組開始運作。危機管理小組從事危機的控制工作，其他人繼續組織的正常經營、工作是一種比較明智的做法。

其次，應當指定一人作為組織的發言人，組織對外溝通的聲音應該是一致的。最後，及時向組織的成員，包括客戶、擁有者、僱員、供應商以及所在的社區通報信息，而不要讓他們從公眾媒體上得到有關組織的消息。

考慮到組織危機所涉及的範圍及輻射的廣度，危機管理小組成員的組成需要多部門、多學科的人員進行重新編組和整合，而且在挑選危機管理小組成員時，要充分考慮到成員個人的素質和才能，儘量把不同風格和價值的人才有機地組合起來，以便最大效用地預防和解決危機。

一般而言，組織危機管理小組通常由組織最高決策層成員(副總以上級別人員)、公共關係部經理(往往充當新聞發言人的角色)、安全保衛部部長、法律顧問等人組成管理小組的核心層(包括外部聘請的危機管理專家）。組織往往會依據不同的危機類型，決定不同類型的新成員的增補。例如，財務系統危機則會增加財務總監或財務總會計師等，行銷系統危機則邀請業務部門負責人，產品品質危機則增加產品總工程師或者技術開發部經理，另外會聘請組織以外的危機管理專家，或者其他方面的權威專家等進入危機管理小組。

至於人力資源部、行政部、小組秘書等則主要負責後勤保障工作要及時到位。根據日本危機管理的權威研究機構的研究成果，危機管理小組的涵蓋面要具有廣泛性，應該包括總務、對外聯絡、宣傳、保險、法規、補給、製造、修理、修復、當地派遣等方面。

2. 危機的解決

對待危機事件的處理可以分為應急處理和恒久處理兩種情形。

⑴應急處理

應急處理是指採取一切措施儘快消除表面危機。在應急處理中，速度、態度和應變力是危機管理的幾個關鍵性指標。以最快的速度對危機做出積極、誠懇、負責任的判斷，並根據危機發作的大小、潛在的危害程度等採取靈活多樣的措施，甚至是技巧性的策劃，最終將危機加以解決。主要包括：如何與外部的保險機構、專職的危機反應機構共事以使危機得以最後妥善解決，如何進行修訂和評估危機的狀況，如何正常地結束危機的反應活動。

⑵恒久處理

恒久處理需要追根溯源，消除產生同樣問題的隱患。這一工作往往在危機處理完畢之後啟動，使組織徹底地從危機的陰霾中解脫出來，並逐步強化消費者的信心，進一步增強組織和品牌的美譽度。

3.危機處理後的過程評估

危機管理的最後一個階段是總結經驗教訓，從危機中獲利。如果一個組織在危機管理的前幾個階段處理妥當的話，此階段就可以提供一個能彌補部份損失和糾正混亂的機會：一方面，組織可以從危機事件處理中獲得經驗，預防危機；另一方面，危機事件可以強化組織的危機意識，加強防範。這樣其危機管理的行為就帶有一定的前瞻性。

心得欄 ------------------------------

案例詳解

◎案例 1　三鹿奶粉因「三聚氰胺」而猝死

一、案例介紹

後知後覺害了三鹿奶粉，造成了如今巨大的災難，三鹿公司最終破產倒閉。

2008 年 9 月，當 13 億中國人還沉浸在北京奧運會成功舉辦的驕傲和自豪中時，中國乳製品行業最大的醜聞曝光了，「三聚氰胺」和「三鹿集團」這兩個不可分割的名字從此將深深地印刻在中國乳製品發展史上一個永久的恥辱就此定格。

2008 年 9 月 11 日，上海《東方早報》上刊發了一篇名為《甘肅 14 名嬰兒疑喝「三鹿」奶粉致腎病》的報導。該文直接引爆了三鹿集團的品質和信譽危機，成為其最終破產的導火索。面對各方媒體和輿論的指責，從最開始的拒不承認，到有關部門介入調查，三鹿集團最終承認其產品中含有三聚氰胺，其奶粉被認定為多例嬰幼兒泌尿系統結石病例的主要原因。三鹿集團被執行停業整頓，不得不召回問題奶粉。由於召回奶粉總量過多，涉及退賠金額過大，三鹿的資金鏈早已無法支撐，再加上相關銀行不僅不予放貸，而且要求收回之前的貸款。可想而知，等待這家有著近半個世紀悠久歷史、奶粉產銷量連續 15 年位居全國第一的全國知名企業的將是什麼。

最終，三鹿集團被迫併購重組，數以十億計的市場佔有率瞬間蒸發，數以百億計的品牌資產灰飛煙滅。公司原董事長兼總經理田文華被刑事拘留。此外，三鹿所推倒的多米諾骨牌也使得中國乳製品及關聯產業遭受了前所未有的災難，伊利、蒙牛、大白兔、阿爾卑斯等多家知名品牌紛紛受到重創，元氣大傷。而今天，當我們心中的怒火已漸漸平息，站在企業自身發展和管理的角度來看，不禁也替三鹿感到心痛和惋惜，這一切本該是可以避免的。那麼，究竟是什麼打垮了三鹿？

1. 三鹿的崛起之路——高舉創新大旗

1956 年 2 月 16 日，散居在河北省石家莊郊區的 45 個農民懷揣著對美好生活的憧憬，走到一起組成了合作社，並給這個合作社起了一個充滿夢想、充滿追求的名字——幸福乳業生產合作社。這就是石家莊三鹿集團的前身。當時，合作社只有 32 頭奶牛和 170 隻奶羊。

1960 年，合作社有了奶牛場、奶羊場，後幾經更名，成為石家莊最大的奶牛養殖場。1968 年，三鹿在奶牛飼養方面初步建立了完善的管理制度，基本掌握了奶粉加工的設備及操作技術。同年 8 月，田文華來到三鹿前身石家莊牛奶廠，先後做過獸醫、會計、辦公室主任。

1980 年，三鹿集團生產的麥乳精暢銷 20 多個省市，三鹿成為全國知名品牌。1983 年，三鹿與東北和杭州的兩家食品廠千方百計拉到「母乳化奶粉」攻關項目，在國內率先成功研製、生產母乳化奶粉，即日後的「嬰幼兒配方奶粉」，由此奠定了企業大發展的根基，成為國內第一家規模化生產配方奶粉的企業。正是這款產品給三鹿帶來了巨大的輝煌，也給它帶來了最終的毀滅。

20 世紀 80 年代初，中國牛奶行業發展正處於起步階段，當時的產業模式基本上是乳品企業自己擁有奶場，自產自銷一條龍。在這種狀況下，乳業的發展就受制於奶場的規模，奶源供給瓶頸直接影響企業的壯大。

1986 年，為徹底解決奶源供應問題，三鹿開始全面打造自己的第一工廠——奶源基地。在全國同行中率先制定並實施了「奶牛下鄉，牛奶進城」的城鄉聯合模式，「奶牛+農戶」的飼養管理模式成為聞名全國的創新之舉。此後，「四統一分一集中」的集約化管理模式、「奶牛生態養殖園區」、「奶牛公寓」等一次次的創新，又將奶源管理水準推向了一個新高度。更為可貴的是，三鹿由此帶動了 4000 多個村、鎮奶牛業的大發展，飼養奶牛達 30 萬頭，使 5 萬多戶農民脫貧致富，吸納農村剩餘勞動力 50 多萬人，每年可消化 100 多萬畝玉米秸稈支撐的清貯飼料，實現了秸稈的過腹還田，使奶牛養殖業形成了良性循環經濟，走上了可持續發展之路。

1987 年，承包石家莊乳業公司的田文華成為公司總經理、黨委書記。同年，三鹿集團主導產品嬰幼兒配方奶粉獲輕工部優質產品稱號。

1988 年，三鹿嬰幼兒配方奶粉獲全國首屆食品博覽會金牌，1992 年又獲 92 香港國際食品博覽會金獎。

1993 年，三鹿奶粉的產銷量躍居全國第一位，產品供不應求。面對這樣的局面，三鹿又率先走出了透過資本運營進行低成本擴張的發展路子。首先推行產品聯合，邁出了規模擴張的第一步。隨後成功地運用技術、管理等無形資產，在短短幾年內，先後與北京、河北、天津、河南、甘肅、廣東、江蘇、山東、安徽等省市的 30 餘家企業進行控股、合資、合作，盤活資產 10 多億元，解決了 15000 多名下崗職工的再就業難題。成功的資本運營，使三鹿快速成長為中國的乳業「航母」，大大增強了企業的市場競爭力。集團企業個個贏利，都成為當地的利稅大戶。與實施資本運營前相比，三鹿集團的銷售收入增長了 119 倍，利稅增長了 129 倍。

1995 年，三鹿集團開始在央視一套黃金時段播放廣告，成為國內上央視一套黃金段廣告的第一家乳業公司。

1996 年，石家莊三鹿集團股份有限公司正式成立。

1999 年，三鹿集團正式進軍國內液態奶市場，其多元模式正式建立。

2000 年 12 月，三鹿「生物工程技術生產新型乳製品」項目獲得國際同行認可，填補了國內乳製品市場的空白。

2002 年，三鹿集團的品牌戰略跨出「挺進中原、輻射全國」的第一步。同年，三鹿滅菌奶、嬰幼兒配方奶粉榮獲「國家免檢產品證書」，三鹿液態奶和三鹿奶粉雙雙榮獲中國名牌稱號。

2005 年 12 月，三鹿集團和全球著名的乳製品製造商——新西蘭恒天然集團簽署合資協定，恒天然集團以 8.64 億元人民幣的注資額度，認購 43%的股份，成為外國企業在中國乳品行業最大的資本投資，這標誌著三鹿向著「躋身世界先進行列」邁出了關鍵一步。同年，三鹿液態奶和三鹿奶粉再次蟬聯中國名牌稱號。

2006 年 6 月 15 日，三鹿與恒天然集團的合資公司正式運營。合資企業剛剛正式運行，三鹿就計劃 3 年內投資 20 億元在全國各地建立或收購工廠。

2007 年以來，三鹿已在河南、山東、陝西、黑龍江等地建設了多個液態奶及高端奶粉項目。2007 年集團實現銷售收入 100.16 億元，同比增長 15.3%。同年，「三鹿」商標被認定為「中國馳名商標」。中國品牌資產評價中心曾做過評定，三鹿品牌價值達 149.07 億元。

不可否認，合資的確給三鹿帶來了變化。2007 年三鹿正式推行事業部制，建立了奶粉事業部、原奶事業部、液態奶事業部、高端奶粉事業部等，並像外資企業和上市公司一樣進行財務預算。另外，由於引入了恒天然的工廠管理，奶粉生產過程更加重視細節，這些都是三鹿向高端奶粉市場發展的必備條件。

然而，急速擴張很快也給三鹿帶來了管理上的極大挑戰。一位行業人士表示，儘管 2007 年三鹿銷售突破 100 億元，但由於價格戰頻繁、原料成本提高，尤其是管理成本居高不下，三鹿實際上沒有利潤，或者陷於虧損。

2007 年 6 月，田文華收到一份報告顯示，唐山三鹿乳業新廠運營以來，連續 11 個月虧損，超過 1300 萬元的虧損源於生產大量價格倒掛產品，而出現這種情況的根本原因是管理層人為所致。在高速擴張的過程中，田文華仍固執執行散奶模式，沒有及時控制奶源，而實際上，後者才是一家乳業公司的天然使命。

2. 三鹿的滅亡——「腎結石嬰兒」引發的舉國驚駭

⑴中國乳製品行業的「9· 11」事件

2008 年 9 月 9 日，一則標題為「14 名嬰兒同患腎結石」的報導出現在《蘭州晨報》上。報導披露，「9 月 8 日，中國人民解放軍第一醫院泌尿科接收了一名來自甘肅岷縣的特殊患者，病人是一名只有 8 個月大的嬰兒，可是卻患有雙腎多發性結石和輸尿管結石病症，這是該院自 6 月 28 日以來收治的第 14 名患有相同疾病的不滿週歲的嬰兒。這 14 名嬰兒有著許多相同點：都來自甘肅農村，均不滿週歲，都長期食用某品牌奶粉」。這是一篇很可能被湮沒在都市社會新聞裏的並不起眼的報導。

始料不及的是，這篇旋即在網路世界裏遭到瘋狂轉載的報導引發了一場舉國驚駭。

隨後，湖南、湖北、山東、安徽、江西、江蘇等地相繼有媒體傳出消息稱，出現疑似案例。南京發現 10 例！湖北發現 3 例……事情變得複雜起來。「疑喝同一品牌奶粉而導致寶寶患腎結石」的消息開始像烏雲一樣籠罩在那些年輕媽媽、準媽媽的心頭，不少人開始聯想起 2004 年的安徽阜陽劣質奶粉導致的「大頭娃娃」事件。

壓抑的憤怒和不滿變為洶湧的民意，在天涯、西祠等各大論壇以及各大門戶網站的新聞跟帖迅速以幾何級數的速度增長。網友直指：「強烈要求公佈是何品牌奶粉！」

9 月 11 日，事件出現升級的跡象。這一天，《東方早報》率先將矛頭指向三鹿奶粉。報導說：「醫生們注意到，這些患病嬰兒在沒有母乳之後，都是用了品牌為『三鹿』的奶粉」。記者引用醫生的分析說，「因為這些嬰兒最主要的食品來源就是奶粉，且都是長時間食用同一品牌的奶粉，因此不排除與奶粉有直接的關係。」

同時也有專家表示，這一疾病與四年前安徽阜陽發生的奶粉所致的「大頭娃娃」事件相比，後果更嚴重。「因為它容易導致患兒的急性腎功能衰竭，若搶救不當，會導致嬰兒的死亡。」

同日上午，甘肅省衛生廳召開新聞發佈會說，「甘肅省共上報病例 59 例，死亡 1 例，分佈在 24 個縣區，以農村患兒為多。2006 年、2007 年未報告病例。初步確定嬰兒病情與奶粉無直接關係。」甘肅省衛生廳辦公室相關人員表示，在事件發生後，省衛生廳與衛生部安排疾病預防控制機構開展流行病學調查。根據調查，目前初步確定與配方奶粉無直接關係。甘肅省衛生廳還安排衛生監督機構對患兒食用的奶粉進行了採樣，共採樣 6 份，已送國家有關部門檢測。為防止假冒產品影響，甘肅省衛生廳還對其來源進行了追溯。

對此，三鹿的回應是：「還沒有證據。」三鹿集團傳媒部相關人員接受記者採訪時說：「公司對此事非常關注，已派人趕赴相關地區瞭解情況，並積極配合相關部門進行調查，有最新的進展一定會及時向社會發佈。三鹿集團是國內最大的奶粉生產企業，公司的產品經國家有關部門檢測，均符合國家標準，目前尚沒有證據表明食用奶粉與患腎結石有必然聯繫。」該人員還表示，「當前奶粉市場競爭激烈，不排除競爭對手耍卑鄙手段，栽贓陷害三鹿奶粉。」

然而，事情的發展往往極具戲劇性和諷刺意味。9 月 11 日晚上，衛生部即發表通報提醒公眾立即停止食用被召回的相關批次三鹿奶粉。通報稱，近期甘肅等地報告的多例嬰幼兒腎結石病例，經相關部門調查，目前高度懷疑他們均食用了被一種化工原料——三聚氰胺污染的三鹿牌奶粉。

據《新京報》報導，針對全國多省市均報告多例嬰幼兒泌尿系統結石事件，衛生部、國家質檢總局、國家工商總局在國務院部署下聯手開展緊急調查。隨即在全國範圍內對開展的流行病學調查發現，事件中的腎結石患兒多有食用三鹿牌嬰幼兒配方奶粉的歷史，同時質檢監測發現，部份批次三鹿嬰幼兒奶粉受三聚氰胺污染。因此，衛生部在通報中稱：高度懷疑石家莊三鹿集團股份有限公司生產的三鹿牌嬰幼兒配方奶粉受到三聚氰胺污染。三聚氰胺是一種化工原料，可導致人體泌尿系統產生結石。

接著，石家莊三鹿集團公司 9 月 11 日也發表聲明，稱經自檢發現部份批次三鹿嬰幼兒奶粉受三聚氰胺污染，為對消費者負責，公司決定立即對 2008 年 8 月 6 日以前生產的三鹿嬰幼兒奶粉全部召回。有消息稱，受污染奶粉市場大約有 700 噸。至此，三鹿集團終於公開承認其奶粉裏含有化工原料「三聚氰胺」。

2008 年 9 月 13 日下午 6 時，國務院新聞辦舉行新聞發佈會，請衛生部、國家質檢總局和河北省負責人通報三鹿嬰幼兒奶粉安全事故有關處置情況，並答記者問。在會上，三鹿集團被披露從 2008 年 3 月就陸續接到了一些患泌尿系統結石病的投訴，集團也開展了一些調查，包括患兒情況的調查、集團產品品質的調查以及原料奶站情況的調查。在集團確認奶粉品質出現問題以後，採取了召回部份市場的產品、封存還沒有出庫的產品等措施。但是三鹿集團在相當長的時間內沒有向政府報告。在這個問題上，三鹿集團應該承擔很大的責任。

2008 年 12 月 2 日晚，中國衛生部發出通報說，11 月 27 日 8 時，全國累計報告因食用三鹿牌奶粉和其他個別問題奶粉導致泌尿系統出現異常的患兒多達 29.4 萬人，其中 6 人不排除因飲用問題奶粉死亡，目前仍有 861 名患兒留醫，154 名為重症患兒。

⑵三聚氰胺——何許物也？

三聚氰胺，分子式為 $C_3N_3(NH_2)_3$，又名氰尿醯胺，俗稱蜜胺，是一種有機化工中間體，日常主要用途是與醛縮合，生成三聚氰胺

-甲醛樹脂，用於塗料、層壓板、模塑膠、黏合劑、紡織和造紙等，此外還可用於皮革鞣制、阻燃化學品以及脫漆劑等。

三聚氰胺物理性狀為白色單斜晶體，無味，與蛋白粉相仿。《精細有機化工原料及中間體手冊》顯示，「本品低毒，無刺激性……高溫下可能分解產生氰化物(有較大毒性)，故應避免高溫。」

蛋白質主要由氨基酸組成，其含氮量一般不超過 30%，而三聚氰胺的分子式顯示，其含氮量為 66%。由於「凱氏定氮法」只能測出含氮量，並不能區別飼料中有無合規添加劑或違規化學物質，所以，加了三聚氰胺的飼料理論上可以測出較高的「蛋白質含量」。因此，在飼料或食品中添加這種化學物質，其含氮量立即大幅上升，從而蛋白質含量「虛高」。

但是，三聚氰胺本身無法替代蛋白質，幾乎沒有任何營養價值。加了這種物質，造成的只是蛋白質含量提高的假像。三聚氰胺價格並不高，由於其在化工、裝飾市場廣為使用，想獲得並不難，使用此法成本低，但可造成產品營養價值高的假像。

由國際化學品安全規劃署和歐洲聯盟委員會合編的《國際化學品安全手冊》(第三卷)，對三聚氰胺則有如下描述：「長期或反覆接觸該物質可能對腎發生作用。」

⑶乳品行業的潛規則

三鹿奶粉事件是令人震驚的醜聞，更是令人痛心的悲劇。三聚氰胺，一種曾經陌生而今家喻戶曉的化學品，揭開了牛奶行業的「潛規則」、「公開的秘密」，也擊中了中國奶業發展模式的軟肋。

用「亂成一鍋粥」來形容當時的中國乳製品市場，是再貼切不過了。2008 年 9 月 18 日的《新聞聯播》稱，國家質檢監測部門已從 22 家乳製品企業的不同批次嬰幼兒奶粉中檢出了三聚氰胺，其中包括伊利、蒙牛、雅士利、光明等多個知名品牌。

此次抽檢中，三元集團在國家質檢總局對嬰幼兒配方奶粉和液態奶的歷次三聚氰胺專項檢測中，全部抽檢產品均合格，成為此次「三聚氰胺風波」中，少數「獨善其身」的知名乳品企業。然而，時日不長，情況便風雲突變，多次安然無恙的三元開始身陷旋渦。

據悉，9 月 30 日，國家質檢總局在官方網站公佈了對普通奶粉和其他配方奶粉三聚氰胺專項檢測情況，20 家企業 31 個批次產品檢出三聚氰胺。檢測結果顯示，遷安三元食品有限公司 2008 年 8 月 7 日生產的一款乳粉產品，三聚氰胺含量為 10.58 毫克/公斤。

三元相關負責人表示，此次三元被檢出三聚氰胺的乳粉主要用於乳品飲料、蛋糕、餅乾等食品工業領域的再加工。該批次問題產品，共 130 多袋(25 公斤/袋)，一直都在倉庫裏，並沒有出廠，目前已全部銷毀。雖然如此，三元的品牌形象仍不可避免大受影響。

⑷三鹿的結局

與全球最大的乳品原料出口商締盟，並坐擁本土最大的奶粉市場佔有率，這仍不能阻止三鹿成為新一輪中國食品信任危機的始作俑者。

2008 年 9 月 18 日上午，河北石家莊市和平路 539 號仍是中國乃至全世界關注的焦點。三鹿毒奶粉事件曝光已近一週，三鹿集團總部被眾多情緒難以控制的家長包圍，公安人員封鎖了這裏的每一個出入口，包括職工宿舍區。

此刻，或明或暗的火藥味在三鹿隨處可見。除了無可反駁的譴責和近乎停滯的經營，三鹿被地方政府及各級調查組接管後，公司原董事長、總經理兼黨委書記田文華已被免職，等待她的將是嚴厲的法律制裁。

至 9 月 22 日，國家質檢總局局長李長江、石家莊市市委書記吳顯國、市長冀純堂、副市長張發旺，以及石家莊市有關食品品質安全的數個行政部門一把手全部落馬——奶粉事件演變為中國乳業行業乃至「中國製造」有史以來的最大醜聞。

而三鹿，正處於其中最湍急的旋渦，一步步墜入險境。就在田文華遭受牢獄之災的同時，公司原副總經理張振嶺執掌的新領導層開始整肅內部管理，但為時已晚。

作為一場特大安全事故的肇事者，三鹿僅有的流動資金根本不足以支付各種退賠款，9 月末，現金流已基本斷裂。而在 9 月 18 日，拿不到退款的經銷商恐慌地在整棟辦公樓中找負責人……就在 9 月初奶粉事件全面爆發後的幾天之內，三鹿看上去曾頗為龐大的資產開始大量縮水。「其最重要的幾十億元無形資產蕩然無存。」乳業分析人士說。佈局全國的銷售管道在此次事件中被打得七零八落，曾經笑傲行業的人才團隊也因奶粉事件被飽受質疑，奶源甚至成為包袱。

目前，三鹿讓人心動的只有一些固定資產。據公開資料顯示，2007 年年底，三鹿總資產 16.19 億元，總負債 3.95 億元，淨資產 12.24 億元。儘管不少國內二線乳企表達了競購意向，但三鹿能否被最後救活，還是個大大的問號。

截止到 2008 年 9 月底，三鹿集團高層所做的種種融資努力均告失敗，國資委開始清理資產，三鹿被拆散及被收購的傳聞遊走於坊間。而無論何種結局，這個被三聚氰胺頃刻間腐蝕掉的民族品牌，已無救贖的可能。

2008 年 12 月 24 日，三鹿集團證實：集團已經收到石家莊市中級人民法院受理破產清算申請民事裁定書，一切工作正在按法律程序進行。同日，三鹿集團最大外方股東恒天然集團在其網站發佈消息稱，應一位債權人的請求，當地法院已經對三鹿發出破產裁定書。恒天然方面表示，當地法院根據債權人的要求，已經判令三鹿進入破產程序，三鹿將由法院指定的管理人來管理，管理人將對三鹿資產進行拍賣。

統計顯示，截至 2008 年 11 月 19 日，三鹿集團資產總額 15.61 億元，總負債 26.64 億元，淨資產-11.03 億元(不包括 2008 年 10 月 31 日後企業新發生的各種費用)，已嚴重資不抵債。至此，經中國品牌資產評價中心評定，價值高達 149.07 億元的三鹿品牌資產灰飛煙滅。

2009 年 3 月 4 日，三元集團以 6.165 億元的價格拍得三鹿資產。

二、案例分析

歸根結底，三鹿的失敗就是源於企業內部控制的失效，是企業一味追求利益而忽視和淡漠風險的結果，是企業對風險認識和估計不足的結果，是企業管理尤其是品質管理跟不上發展速度的結果，是企業危機公關溝通不暢的結果，也是企業監督與改進機制缺乏的結果。

1. 企業風險管理意識薄弱

對於食品行業，品質安全問題是負責人首先要重視的問題，企業從上到下要樹立居安思危的品質意識，定期開展品質教育。品質風險就如同食品行業的「阿喀琉斯之腳踵」，時刻隱藏在企業表面的安逸和祥和背後。而三鹿集團的領導人正是忽視了企業欣欣向榮背後所存在的這個致命弱點。

據《財經》雜誌網站報導稱，4 年前，安徽阜陽「大頭娃娃」事發不久，有關媒體公佈阜陽市 45 家不合格奶粉企業和偽劣奶粉「黑名單」中，三鹿奶粉赫然在列。後來三鹿經過公關，最終從「黑名單」中撤下。三鹿的公關使之免遭「皮肉之苦」，也滋生了其後來的肆無忌憚。正是因為三鹿沒有以此為鑑，從中吸取教訓，大禍終於不可避免地降臨。

三鹿集團風險管理意識的缺失還表現在其社會責任感的缺失。據報導，三鹿早在 2007 年 12 月就陸續接到消費者嬰幼兒食用三鹿奶粉出現疾病的投訴。2008 年 6 月，經三鹿檢驗已經發現奶粉異常，後來確定其中含有三聚氰胺，但是作為企業相關負責人卻想採取拖延和瞞報的手段將事情擱置，意圖瞞天過海，直至 2008 年 8 月 2 日才向石家莊市政府報告。8 個月的時間由於三鹿集團的隱瞞，使事情的後果和事態變得擴大化。

作為企業，三鹿對此事件的態度，不能不說是一個企業社會責任感缺失和企業家道德良心泯滅所帶來的災難。而這場由於企業社會責任感缺失和企業家道德良心泯滅所帶來的災難可以說是此次事件的人為元兇。

另外，據有關媒體報導，三聚氰胺曾在「毒糧」事件中現身。一位食品專家痛心地說，「毒糧」事件後，他就隱約感覺食品要出問題，但沒想到這麼快。「去年上半年，在出口國外的寵物飼料中檢出三聚氰胺，並初步認定為導致寵物中毒死亡的原因，有關企業負責人受到了刑究。」

於是，我們不禁要問：作為食品加工企業，三鹿為什麼沒能從「毒糧」事件中吸取教訓，防患於未然？難道「檢測比較難」能成為諉責於人的客觀原因嗎？這一切的一切只能說明，三鹿集團從上到下普遍缺乏風險意識，企業文化中風險觀念嚴重缺失。

2. 對風險的認識和估計不足

不可否認，面對激烈的市場競爭，三鹿等企業確實面臨著強大的成本和利潤壓力，然而無論如何，降低成本、追求利潤都不能成為放鬆食品安全的理由。因此，三鹿的管理層並非看上去那麼無辜。至少在 2008 年 7 月，發現問題的三鹿仍有能力將危害控制在一定範圍內。

據報導，早在 2007 年年底，三鹿已先後接到農村偏遠地區反映，稱食用三鹿嬰幼兒奶粉後，嬰兒出現尿液變色或尿液中有顆粒現象。2008 年 6 月中旬，甚至收到嬰幼兒患腎結石去醫院治療的信息。然而，由於集團管理層對風險的認識和估計不足，只是簡單地以更換包裝和新標誌進行促銷為理由進行了幾輪產品回收，並向各地代理商發送了《嬰幼兒尿結晶和腎結石問題的解釋》，要求各終端以天氣過熱、飲水過少、脂肪攝取過多、蛋白質過量等理由安撫消費者，最終導致企業錯失了控制風險的良機。

3. 企業內部品質管理和控制體系失效

雖然最終認定問題奶粉是「不法分子在原奶收購過程中添加了三聚氰胺」所致，也絲毫不能減輕三鹿集團在此事件中的重要責任。出問題的是三鹿奶粉，因此三鹿集團在產品把關中，不論是在原材料的「入口」還是成品的「出口」方面，都承擔著不可推卸的首要責任。三鹿集團的醜聞並非只是收購了含有有毒化學物質的牛奶，在驗收、生產、產品檢測以及危機管理的所有環節，似乎都有值得追究的地方。

探究三鹿失敗的深層原因，不難發現，三鹿集團的管理模式沒有跟上集團快速擴張和發展的需要，尤其是企業內部品質管理和控制體系嚴重弱化。

誠然，「奶農—奶站—乳企」的奶源供應模式曾使三鹿集團走在了國內眾多乳企的前頭，這種模式在此後的 20 餘年中，讓中國成為世界第三大乳品國(僅次於印度和美國)，但也埋下了巨大的隱患。

業內專家稱，中國此前 20 年的奶牛散養模式目前來看，已經不再適應形勢。這種模式只能適應於中國乳企都各自偏於一隅的時代。因為乳企在一地獨大時，是買方市場，各個私人奶站都有求於乳企。三鹿集團過去在河北掌握著鮮奶的終極驗收權，奶站送來的奶如果不合格，甚至可以當場倒掉，這種較強的控制權一直持續到 2005 年前後。

2005 年以後，中國乳品業競爭加劇，各大乳業紛紛在全國搶奪市場，河北省內也陸續開了眾多工廠，各家的總產能嚴重超過了河北省的奶源總量，開始出現各家乳企爭奪奶源的現象。此時，奶源由買方市場進入賣方市場，奶站與乳企話事權易位，乳企對奶站的有效監控在客觀上已很難實現。

鑑於形勢，為了追求利潤，三鹿集團在管理上開始逐步鬆懈。三鹿事件從開始到結束，我們一直看不到其品質管理和控制體系的影子，於是很多人不禁疑惑：三鹿的品質管理和控制體系安在？從

1993 年開始，三鹿一直醉心於規模，快速地貫徹產品聯合戰略以實現低成本擴張，而正是由於擴張太快讓其管理水準下降。

據最新公開資料，在河北省 11 個地區，都有三鹿貼牌工廠，在石家莊就有幾家。三鹿採取的方式是，以品牌作為交換，收取 51% 的利潤。在經營管理上，三鹿有派駐人員，但由於三鹿不掌控工廠，所起的作用不大。這種貼牌生產，能迅速帶來規模的擴張，但也給三鹿產品品質控制帶來了風險。至少在個別貼牌企業的管理上，三鹿的管理並不嚴格。以一家甘肅貼牌工廠為例，「三鹿每年派人來一兩次，但並不常駐我們廠。」各批次送檢樣品都是自己郵寄到石家莊三鹿進行檢測，而非三鹿主動採集。

同時，三鹿奶粉事件還反映了一個重要問題——產品品質檢測手段滯後。作為一家全國著名的食品企業，三鹿集團只透過檢測氮含量就來確定牛奶是否合格，這對消費者是極不負責任的，也不符合企業 HACCP(危害分析和關鍵控制點)標準，相關產品是不應該進行生產的。「雖然不可預料未來發生什麼，但是企業在研發產品、開拓市場的時候，應該堵住信息漏洞，即收集足夠的信息，把握產品的發展態勢，預料可能的後果，否則後果不堪設想。」

三鹿奶粉事件暴露了這方面的缺陷，其產品本身沒有很好地考慮這些問題。產品的細節標準出了問題，顯示其管理層在品質控制方面的細節標準也相當缺乏。

4.危機公關溝通不當

三鹿事件中還暴露出企業危機公關的嚴重不足。從刻意隱瞞到知情不報，再到事發後言行中屢屢推脫責任，都反映了三鹿集團在應對和處理危機事件中的弱智和臨時抱佛腳。

2008 年 10 月 17 日，曾經撰寫了「甘肅 14 名嬰兒疑喝『三鹿』奶粉致腎病」的點名報導引爆三鹿品質危機的《東方早報》記者，在其發佈的第二篇相關報導「我為什麼要公佈問題奶粉『三鹿』的名字」中，又一次揭露了三鹿集團在面對外界媒體的危機公關中所暴露出來的種種問題：

一是三鹿集團傳媒部人員在與記者溝通過程中，除對三鹿的問題奶粉調查發展到那一步說不清楚外，對於同一部門的另一位工作人員也不認識；二是在記者已留了手機給該公司傳媒部後，傳媒部工作人員卻只是一味地打報社電話要求找撰稿人，可見其管理的混亂；三是當記者要求能否留下工作人員手機號碼以方便隨時聯繫和溝通時，傳媒部工作人員卻稱不方便，不予配合，可見工作人員危機公關的基本常識尚不具備；四是在報導見報前一天記者打電話到三鹿集團傳媒部，想確認三鹿奶粉是否真的存在品質問題和對嬰兒可能因為吃了三鹿奶粉而患腎病的情況是否知情時，三鹿工作人員則開始推託，後來的回答也含糊不清，令人失望。

美國國際食品信息協會（IFIC）官員安東尼說：「危機/風險溝通是風險評估的一部份，是一種信息的雙向交流。風險溝通和危機溝通應當是互有連接的。風險溝通需要考慮工作人員對風險的認識和關於風險的管理、決策以及多方位的溝通；危機溝通則需要建立相應的危機回應機制，透過專業化的隊伍，對危機進行控制和管理。」

從三鹿集團應對危機中的混亂和無序可以看出，三鹿集團除了內部管理混亂之外，集團的危機應急預案是缺失的，相關人員對在危機公關溝通中的態度和做法也是不當和不成熟的，這一切最終使得三鹿錯失了挽回或減小損失的良機。

5. 缺乏監督與改進機制

在整個事件的發生過程中，還有一個重要角色的缺位，那就是企業的內部監督角色。在事態的一步步惡化中，在品質管理體系的一步步弱化中，在產品品質一次次遭到危機挑戰的時候，內部監督的作用在那裏？

難怪在三鹿事件爆發後，有網友立即把三鹿集團的辯解和男足的臭腳聯繫起來：三鹿怪奶站，奶站怪奶農，奶農怪奶牛，奶牛怪草場，草場怪泥土，泥土怪河流，河流怪男足（洗腳），而男足卻委屈地說：「我們從小是喝三鹿長大的。」真是不無諷刺意味。

三、事件啟發

網路的快速與開放使得危機公關的操作越發困難，但反而言之，網路快速開放的特點也能讓危機公關效果更加深入人心。

在傳統媒體環境下，危機公關之後的企業種種補救性措施很難產生大的影響，雖然持續性地投入，但由於很難接觸到大眾，所以其反省態度與補救行為雖然持續不斷卻很難為大眾所認可。

例如這次事件之後，相關品牌可以專門成立補助網站，即時播報後續彌補動作，讓老百姓看到他們實實在在的補救行動。

最後還是得端正態度，無論是傳統媒體還是互動媒體環境中，永遠不要指望犯了錯可以操縱媒體用危機公關來翻身。群眾的眼睛是雪亮的，群眾的心靈是智慧的。危機公關只能彌補品牌聲譽，卻不能讓消費者忘記品牌給自己帶來的傷害。

每個時代，都有不同的危機。

優秀的危機公關不論在什麼時代，都顯示出其真誠的品格和對責任的擔當。

不逃避、不推卸、認真、負責才是危機公關的核心所在，從誠信出發，對消費者負責，才是能取信於人的態度，也才是真正解決問題的方法。

當企業發生問題時，企業家第一時間想到的應該是消費者怎麼樣了？我該如何幫助消費者？而不是我該怎麼辦。

從消費者的信任出發，也是這個互動的時代最為根本的關鍵所在。

作為大多數國人一直視若珍寶的民族品牌，三鹿的結局令太多人痛惜。誰能想到，一個經過 50 多年發展積聚起來的偌大集團資產會在一夜之間灰飛煙滅？這也給國內外工商界人士留下了更多的反省和思考。相信此刻，我們才能更深刻地體會到為什麼微軟的比爾· 蓋茨、華為的任正非會天天把危機和破產視若下一秒即將面臨的大敵，並時刻為此準備著。可惜的是，三鹿集團的企業領導人並沒有領悟這一真諦，最終使得三鹿走上了不歸路。

心得欄

◎案例 2　肯德基「蘇丹紅」事件的危機公關

一、案例介紹

2005 年 3 月 15 日，肯德基熱銷食品「新奧爾良雞翅」和「新奧爾良雞腿堡」調料，在中國被發現含有可能致癌的「蘇丹紅一號」成分。顯然，對於這家連鎖速食巨頭來說，在作為其拳頭產品的雞肉類食品上出現這樣的品質事件，無疑是致命的打擊。

信息時代，資訊的傳播速度驚人。「肯德基涉紅」一時間成為爆炸性新聞，各大媒體紛紛談「紅」色變，一陣「蘇丹紅風暴」席捲中國。

肯德基對於突然遭遇的危機事件，態度還是非常坦然的。在 2005 年 3 月 16 日上午，上海總部通知全國各肯德基分部，「從 16 日開始，立即在全國所有肯德基餐廳停止售賣新奧爾良雞翅和新奧爾良雞腿堡兩種產品，同時銷毀所有剩餘的調料」。

兩天后，北京市食品安全辦緊急宣佈，該市有關部門在肯德基的原料辣醃泡粉中檢出可能致癌的「蘇丹紅一號」。這一原料主要用在「香辣雞腿堡」、「辣雞翅」和「勁爆雞米花」三種產品中。

在此期間，還發生了幾起消費者持發票向肯德基索賠時遭遇刁難的事件。對於出現的這種情況，肯德基的解釋是，這是他們自查的結果。

到了 3 月 18 日，北京有關部門抽查到了這批問題調料。3 月 19 日向媒體公佈，責令停售。

然而，肯德基並沒有聽之任之，而是自爆家醜，誠信以對。「蘇丹紅危機事件」中的肯德基就十分聰明，肯德基做出了一個令所有人震驚的舉動，即主動向媒體發表聲明：「……但是十分遺憾，昨天在肯德基新奧爾良烤翅和新奧爾良雞腿堡調料中還是發現了蘇丹紅一號成分」。肯德基的這份聲明主動、誠懇，表現出對消費者的健康極為重視的態度，迅速在各大報紙頭版頭條中甚至社論上出現。

二、案例分析

肯德基在處理「蘇丹紅一號」引發的食品召回危機事件堪稱是成功危機公關的經典。綜合各方的點評，我們可以將其歸納為以下幾個方面：積極配合，信息翔實，消除誤解，反應迅速，以快打慢，態度坦誠，程序控制，有理有節。究其原因，我們不難發現，肯德基多年來一直重視企業形象管理，對消費者關注的食品健康問題從不迴避，並從消費者的角度宣傳營養健康知識，提倡健康的飲食消費理念。

百勝餐飲集團發佈的《中國肯德基健康食品政策白皮書》更是將其「為中國人打造一個合乎中國人需求的品牌」這一戰略思想和「立足中國，融入生活」的經營信念闡述得淋漓盡致。

肯德基「蘇丹紅一號」危機事件的處理方式給我們的啟示是：

1. 主動承擔責任，體現出了一個跨國企業高度的社會責任感和誠信操守。

2. 堅持一切投訴通過法律途徑來解決，在法律問題上，不作任何逃避。

3. 提出構建整個社會誠信體系的重要性，而這一點也是建立「和諧社會」的良好基礎。

企業公信力的培養是一個不斷積累、循序漸進的過程，並不是一朝一夕或是一兩件有影響力的事件就能夠建立起來的。

管理者急功近利帶來的只會是「一時之快」，對於企業品牌的建設、「公信力」的建立都存在很大的弊端，是不值得提倡的。企業只有穩紮穩打，一步一個腳印，才能建立和培養出公眾廣泛認同的「公信力」。

要知道，企業的「公信力」是公眾給予的，而不是企業管理者自吹自擂，給自己扣個高帽子就可以輕易獲得的。所以，企業管理者必須接受社會公眾的考驗，贏取普遍認同的良好口碑，奠定堅實的「公信力」基礎。

危機事件是危險與機會的統一體。在企業陷入危機事件的同時，也蘊涵了機會。危機管理的要點就在於把風險轉化為機會，企業可以通過有效的危機處理，利用危機事件帶來的反彈機會，使企業在危機事件過後樹立起更優秀的形象，喚起消費者更大的關注。越是在危機的關鍵時刻，就越能彰顯一個優秀企業的整體素質和綜合實力。

一個負責任的企業管理者必須具備良好的生存心態，不能因為發生危機事件就退縮，不能因為危機事件就倒下，這也是企業成熟的表現。企業管理者無論犯錯與否，都需要有一個正確的生存心態，增加透明度，向公眾做坦誠的解釋，人們會對敢於認錯、知錯就改、勇於負責的行為叫好，卻無法原諒遮遮掩掩和躲避事實的行為。

在這次被披露出的「涉紅」跨國企業，真正自曝家醜並公開致歉的只有肯德基一家。肯德基的自曝家醜體現出了一個跨國企業高度的社會責任感和誠信操守。

企業是否能夠自覺地對消費者負責，取決於其對自身品牌價值的重視程度。世界 500 強企業在建設自身品牌過程中投入了巨額資本，培育起廣大消費者的信任和忠誠度是來之不易的，他們清楚地知道品牌聲譽的好壞決定了企業未來發展命運，絕不會有意採取短期行為來獲取利益。所以一旦出問題，他們會毫不遲疑地以犧牲短期利潤來維護自身品牌的長期利益。

然而，現階段的食品工業領域裏，許多經營者還處於資本累積階段，沒有自己的品牌或不重視企業的品牌建設。再加上週圍市場信用環境非常差，對消費者負責任的意識也就淡薄。

肯德基敢於自曝家醜，實質就是敢於承擔責任、對消費者負責、對社會負責、對企業品牌負責，這樣的行為無疑將得到社會和消費者更高的信任度。而刻意隱瞞、躲避責任的企業，也許會有一時的利益，但終究會被社會和消費者所唾棄。

目前，我們仍然看到，肯德基餐廳人流不斷，各種各樣的產品仍舊受到眾多消費者垂青。那麼，是什麼力量讓人們在談「紅」色變的短短時間後，又絡繹不絕地重返肯德基餐廳呢？原因只有一個，即該企業在消費者面前彰顯其誠信力的正面影響。

當有媒體提出「這次事件是否是肯德基遭遇的最大信任危機」時，肯德基公關部總監認為，「這對肯德基來講當然是一個挑戰。但是，最關鍵的還是我們能夠說到做到。不管別人說什麼，我們用自己的行動做到對消費者負責。」「自己說出問題，有多少企業能夠做到？我相信，消費者最後會看到，肯德基對消費者是負責的。」

同時，肯德基的這次「拯救」計劃也還不夠完美。專家認為，缺少國內權威的幫助正是肯德基化解危機不夠完全到位的地方，因為中國的消費者顯然更需要來自國內權威部門的聲音。

另外，肯德基與媒體和消費者的溝通仍然不算暢通，雖然它承認事實並適時發佈消息，但仍有記者和索賠的消費者不能及時從肯德基獲得所需要的信息。

雖然肯德基成功地把媒體的目光引向了「蘇丹紅」的來源，但這也正表現出它對輔料供應商的管理不善。

心得欄

第 2 章

危機預警體系的工作內容

重 點 解 析

危機預警是危機管理的第一步，也是危機管理的關鍵所在。

危機預警主要是指人們對危機的認知，表現為具有很強的危機意識以及在認知基礎上構建的預警系統。危機管理首先要有危機意識。儘管危機多以突發事件形式出現，發生的概率很低，但突發事件是一種客觀存在。從這種意義上講，危機又是必然的，是無法避免的。而且，由於缺乏準備，危機事件帶來的損失往往是巨大的，超常規的，人們會在處理危機過程中花費更多的時間與精力。所以，重視危機的產生是十分必要的。同時，危機預警也是危機管理知識資訊系統所具有的功能。與常規事件相同，偶發事件也有一個發生、發展的過程，甚至是從量變到質變的過程。

有一隻野豬對著樹幹不停地磨它的獠牙，一隻狐狸問：「現有既沒有獵人，也沒有獵狗，為什麼不躺下來休息享樂呢？」

野豬回答說：「如果我現在不把牙齒磨鋒利，等到獵人和獵狗出現，我就只能等死了」。

當危機來臨，你有鋒利的牙齒和危機搏鬥嗎？

在事件發生前，總會有一些徵兆出現。只要及時捕捉到這些信號，加以分析處理，及時採取得力措施，就能夠將危機帶來的損失降至最低，甚至避免危機的產生。

一、確定危機來源，列舉可能引發危機的現象或事件

很多企業儘管可能是行業的領先者，但是或多或少地會存在薄弱的地方，善於發現自身的弱點是現代企業必修的「降龍十八掌」之一。企業應認真反思，那些薄弱問題可能會導致企業陷入危機？從而使企業知道那些危機最應該進行有效管理。

企業應明確最有可能發生的能夠造成最嚴重危害的潛在危機。主要調查途徑有：

⑴對股東債權人進行調查。

⑵對公司的高層、中層、基層進行問卷調查對供應商、經銷商進行調查。

⑶對消費者進行調查。

⑷對政府部門、行業主管部門進行調查對媒體記者、編輯進行調查。

(5)對競爭對手進行調查。

在分析以上所形成的調查數據的基礎上，識別企業最脆弱的方面，為企業縮小應該進行良好防範和管理的危機範圍，確保危機管理的效率和效果。

二、對危機進行分析

(1)分析危機發生的頻率

(2)分析危機發生的影響力

(3)分析危機管理的難度

(4)分析危機引起的公眾關注度

企業根據所列舉的危機以及以上四條考評依據，形成潛在危機重點分析表。

表 2-1　危機分析表

顏色	危機發生的頻率	危機發生的影響力	危機管理的難度	危機引起的公眾關注度	備註

圖 2-1　危機優先序列象限表

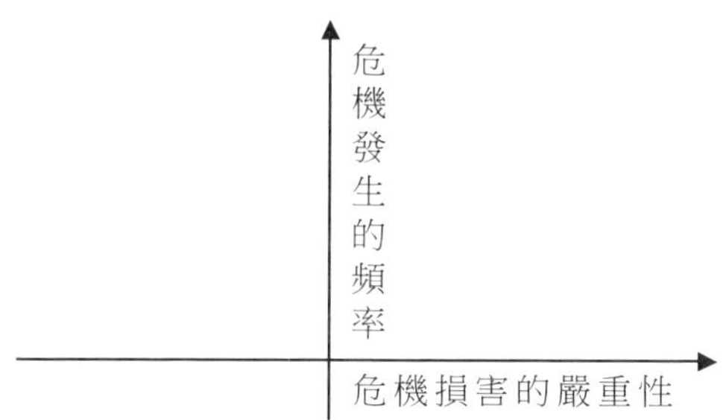

三、確定危機的預控策略

根據危機的性質和企業對危機的承受能力，企業應有不同的危機應對策略。企業應對危機的方法可以歸結為四招：「躲、側、轉、接」。

1. 躲——排除策略

惹不起，躲得起；打不過，總跑得過吧。一些危機爆發的誘因都在企業可控制的範圍，因此應該積極清除這些誘因，排除潛在危機。不要做無謂的英雄，根據自己的實力和背景行事。如果自知不是老虎的對手，就不要「明知山有虎，偏向虎山行」。

①樹立良好企業形象，在公眾心目中建立可靠的信譽。

②不宜涉足的領域要能抵制誘惑，對危害程度大的風險儘量避免。

③完善企業內部管理，消除企業內部管理的各種弊端。

④針對各種誘因，制定健全的防範制度迅速解決小問題。

⑤積極改正小錯誤。

2. 側——緩解策略

躲不起，側得開。如果跑不過，那也不必硬碰硬，可以側過身子，緩一緩。通過各種措施，將危機誘因控制在一定的限度和範圍之內，從而緩解危機，使損失降低到最低程度。肯德基有近 30 家雞肉供應商，全部獲得了《檢疫衛生註冊證書》，並保證所有的供貨「來自非疫區、無禽流感」；而越南肯德基則由於當地雞肉供應不足，用大量的魚類產品代替雞肉產品。這些措施使肯德基在禽流感肆意蔓延時期，在一定程度上也降低了企業的損失。

3. 轉——轉移策略

側不開，轉移開。對於無法回避也無法緩解的危機，應設法合理地轉嫁風險。如將部份經營環節外包、購買保險、簽訂免除責任協議等。在「9· 11」恐怖襲擊事件中，國際保險市場遭受重創，許多保險公司都支付了巨額賠款，但並沒有引發一系列的保險公司破產事件。最重要的原因就在於國外的保險公司都十分注重分保，將自己承保的部份業務轉移給其他保險公司，即通過再保險來轉移風險。所以，「9· 11」恐怖襲擊事件發生後，支付賠款最多的是那些再保險公司。

4. 接——防備策略

轉不走，接得起。沒有人會事先知道危機在什麼時候發生，會波及多廣的範圍，因此必須在力所能及的範圍內防備危機，為危機的爆發做好人、財、物的準備，積極抵禦風險，並在危機中尋找反敗為勝的機會。這就好像防洪一樣，必須做好應付洪峰通過時的各項準備。防備的主要措施有：

①儲備。儲備相應的人力、物力、財力，以備不時之需。這是

一種昂貴的辦法，也是最有效的辦法。強生回收泰諾、康泰克成功應對 PPA 風波，都在於他們為危機做好了充分的準備——沒有充實的財力，他們根本無法完成回收和重新上市的工作。

②功能轉移。即改變現有資源的使用功能。

③雙功能。某些資源既可以為甲所用，也可以為乙所用。例如很多高速公路在戰時都可以作為軍用飛機的跑道，一些民用工廠在戰時也可以改為生產軍用物資。

至於究竟選擇那種防備策略，主要基於以下幾方面的評估：

①不同方案的代價有多高？

②危機發生的概率有多大？

③不進行防備的代價有多大？進行防備將有多大的收益？

5.確定預防潛在危機的改進措施

建立危機自我診斷制度，從不同層面、不同角度進行檢查、剖析和評價，找出薄弱環節，及時採取必要措施予以糾正，從根本上減少乃至消除發生危機的誘因。

「警惕性是首要的，大部份危機是可以避免的。」美國危機管理學院(ICM)史密斯說，另一位危機管理專家斯蒂夫· 芬科認為，應該建立定期的公司脆弱度分析檢查機制。他說：「越來越多的顧客抱怨，可能就是危機的前兆；繁瑣的環境申報程序，可能意味著產品本身會危害環境和健康；設備維護不利，可能意味著未來的災難。經常進行這樣的脆弱度檢查並瞭解最新情況，以便在問題發展成為危機之前得以發現和解決。脆弱度分析審查不僅有助於防止危機，避免對公司業務和公司利潤的不良影響，而且，還會使公司在未來變得更為強大。」

脆弱度檢查小組由來自公司各部門的經理組成：生產製造、維修、人力資源、銷售行銷，政府事務與政策、財務會計等，他們能夠清楚地瞭解各自領域記憶體在著的最大危險，並能用新的眼光看待其他部門。同時，企業也可以考慮聘請外部諮詢專家來指出公司存在的問題，因為他們的立場和視角更客觀。脆弱度檢查小組的成員必須具有相當的資歷，有能力做出決策、分配資源並直接進行項目的實施。

公司必須關注那些逐步升級、引起局外人不必要關注、干擾正常經營運作、危及公司及領導者正面公眾形象或妨礙公司利潤的種種事件。這些問題是：必須與那些短期、中期的競爭對手以及其他社會和政策要素作鬥爭？一年以後市場條件和政治、社會環境將有那些變化？那些因素會影響我們的經營方式？有那些特別事件的發生可能影響到我們維持和發展市場的能力？

6.建立危機管理機構

由危機管理小組制定或審核危機管理指南及危機處理方案、清理危機險情；一旦危機發生，及時遏止，以減少危機對企業的危害。

7.擬定危機管理計劃

在事前對可能發生的潛在危機，預先研究討論以發展出應變的行動準則。

8.對員工進行危機管理培訓和演習

開展員工危機管理教育和培訓，增強員工危機管理的意識和技能，一旦發生危機，員工能具備較強的心理承受能力；同時提高管理小組的快速反應能力，並可以檢測危機管理計劃是否完善、可行。

危機處理應重視事先訓練，並要在平時嚴格按計劃實施。培訓演練的主要內容是：

⑴心理訓練

國外現在有一種危機模擬實習班值得借鑑，公司聘請心理學家等為管理者舉辦仿真的危機模擬實習。這種實習班能夠創造一種近似真實的危機情景，可以用來進行心理素質的訓練，提高心理的承受能力。

⑵危機處理知識培訓

要使所有參加危機處理的人員都清楚危機處理整體方案以及本人的具體職責。如氯鹼廠針對可能發生的氯氣洩漏事故，操作人員必須知道控制洩漏的辦法和正確處理程序，自己在整個程序中的明確任務。

⑶危機處理基本功演練

危機處理時間緊迫，對危機處理人員的要求，不僅是應知怎麼做，而且要在短暫時間內準確無誤地完成規定操作，經常演練，確保操作熟練準確，這是十分必要的。

在可口可樂公司，每年危機處理小組都要接受幾次培訓，培訓內容類似於做遊戲，例如類比記者採訪，類比處理事件過程；幾個人進行角色互換，總經理扮演品控人員，公關人員扮演總經理之類，這樣可以從不同的角度感受危機事件的全局。

9.對危機進行監測和報告

建立高度靈敏、準確的資訊檢測系統，及時收集相關資訊並加以分析、研究和處理，全面清晰地預測各種危機情況，捕捉危機徵兆，為處理各項潛在危機指定對策方案，盡可能確保危機不發生；同時應對危機進行追蹤並將所得的情報向危機管理部門報告，使其能夠掌握可靠的訊息評估危機情境，並決定其所需採取的行動。

案例詳解

◎案例 3　玻璃生產商尋找自身薄弱之處

一、案例介紹

某國際性日用玻璃產品生產商，是世界上最大的生產商之一，在 15 個國家擁有生產工廠。為使企業知道那些危機最應該進行有效管理，企業決定按照正式的方式來明確最有可能發生、潛在的能夠造成最嚴重損害的危機。

公司用了 3 個月的時間，在全世界範圍內選擇了一個包括高級經理、總部員工、美國國內工廠員工以及位於其他 14 個國家的工廠員工的合理的員工樣本進行調查，還聘請了一家調查公司對北美、歐洲及亞太地區國家的 400 家主要分銷商和 1500 名消費者進行了電話調查。此外，公司還對每個市場中的一些政治家和主管官員以及行業媒體記者、編輯進行了走訪。在對這些調查數據進行分析的基礎上，幫助識別企業最脆弱的方面，為企業縮小了應該進行良好防範和管理的危機範圍。下面就是該公司進行弱點分析的結果。

1. 潛在危機或「發生可能性」最有可能發生(紅色)：

⑴玻璃碴兒或碎片傷害消費者。

⑵關於產品品質的不好傳聞，會使銷售受到損失。

⑶生產緩慢，產品產量不足，嚴重傷害同分銷商的關係。

⑷某位高級官員離開公司，加入到競爭對手的行列。

⑸消極的媒體報導，造成銷售滑坡。

能夠發生但在近期內不會發生(黃色)：

⑴主席或首席執行官的突然死亡(現年 72 歲)。

⑵某家生產工廠發生死亡事故。

⑶對公司和行業造成嚴重損害的政治行動。

⑷現有或以前的員工由於有不滿情緒而在公司內造成他人嚴重傷害或死亡。

⑸嚴重損害企業聲譽的主要訴訟。

不可能發生(綠色)：

⑴工廠突然關閉。

⑵大量解僱工人。

⑶產品造成消費者死亡。

⑷缺少礦石和其他原料，影響生產能力，無法達到預期產量。

⑸主席或首席執行官意外辭職。

2.潛在危機或「對企業的損害」

會造成嚴重損害(紅色)：

⑴產品造成消費者死亡。

⑵嚴重損害企業聲譽的主要訴訟。

⑶消極的媒體報導，造成銷售滑坡。

⑷主席或首席執行官意外辭職。

⑸玻璃碴兒或碎片傷害消費者。

會造成損害，但是能夠加以管理(黃色)：

(1)關於產品品質不好的傳聞，會使銷售受到損失。

(2)主席或首席執行官的突然死亡。

(3)工廠突然關閉。

(4)某家生產工廠發生死亡事故。

(5)現在或以前的員工由於有不滿情緒而在公司內造成他人嚴重傷害或死亡。

會造成很輕微的傷害，並且可以很容易地加以管理(綠色)：

(1)缺少礦石或其他原料，影響生產能力，無法達到預期產量。

(2)對公司或行業造成嚴重損害的政治活動。

(3)大量解僱員工。

(4)生產緩慢，產品品質不好，嚴重傷害同分銷商的關係。

(5)某位高級官員離開公司，加入到競爭對手行列。

3.最可能發生的嚴重損害

最有可能發生，造成嚴重損害(紅-紅)：

(1)玻璃碴兒或碎片傷害消費者。

(2)消極的媒體報導，造成銷售滑坡。

最有可能發生，會造成損害，但可以管理(紅-黃)：

(1)關於產品品質的不好傳聞，會使銷售受到損失。

會發生但在近期不可能發生，會造成嚴重損害(黃-紅)：

(1)嚴重損害企業聲譽的主要訴訟。

在短期內發生的可能性很小，會造成傷害，但可以管理(黃-黃)：

(1)某家生產工廠發生死亡事故。

⑵現在或以前的員工由於有不滿情緒而在公司內造成他人嚴重傷害或死亡。

⑶主席或首席執行官的突然死亡。

二、案例分析

玻璃生產商進行弱點分析的例子能幫助我們判斷所在的企業面對危機時的脆弱性如何，這些要點包括以下幾個方面：

1. 在時間和預算允許的情況下，分析要盡可能全面、綜合。大多數企業並不需要像玻璃生產商進行弱點分析那樣投入很多的時間或預算。它們涉及的社會公眾相對要少，因此需要的樣本規模也會很小，從小樣本中就能充分判斷公眾的觀點，而且可提供這些企業投入這樣的項目的資源也較少。記住：不管做什麼分析都要比根本不做好得多。

2. 透過弱點分析將注意力集中於重要方面。這是弱點分析的一大好處。

在本案例中，玻璃生產商利用這個分析過程來準確地找出企業中最值得注意的薄弱環節：玻璃碴兒和碎片傷害消費者；消極的媒體報導，造成銷售滑坡；關於產品品質的傳聞使銷售受損；損害公司聲譽的主要訴訟；生產工廠發生死亡事故；某位現有或以前的員工由於有不滿情緒而在公司內造成他人嚴重傷害或死亡；年齡較大的主席或首席執行官的突然死亡。這樣就可以幫助公司立刻集中注意力，尋找方法來防範這些危機的發生，並制定計劃以便在它們發生時能夠加以實施。集中於最適當的方面，並將有限的時間和精力分配到最重要方面的能力，是每一個成功企業的生存根本。

3. 弱點分析是一個持續過程。弱點分析最後完成了，企業尋找方法來確保能夠克服危機，但這並沒有結束。企業要有持續經營的觀念，尤其是對一些危機頻頻光臨的企業來說，要及時確定下一次分析的時間以保持危機預防的連續性與有效性。

◎案例 4　危機管理的「金科玉律」

一、做好危機準備方案

1. 對危機持一種積極的態度。
2. 使企業的行為與公眾的期望保持一致。
3. 透過一系列對社會負責的行為來建立企業的信譽。
4. 時刻準備在危機過程中把握時機。
5. 企業應建立一個危機管理小組。
6. 分析企業潛在的危機形態。
7. 制定種種預防危機的對策。
8. 為處理每一項潛在的危機制定具體的戰略和戰術。
9. 組建危機控制和檢查專案小組。
10. 確定可能受到危機影響的公眾。
11. 為最大限度地減少危機對企業信譽的破壞，建立有效的傳播管道。
12. 在制定危機應急計劃時，多傾聽外部專家的意見。
13. 把有關計劃落實成文字。
14. 對有關計劃進行不斷的演習。
15. 為確保處理危機時有一批訓練有素的專業人員，平時應對他們進行培訓。

二、做好危機傳播控制方案

1. 時刻準備在危機發生時，將公眾利益置於首位。

2. 掌握報導的主動權，以企業為第一消息來源，例如，向外界宣佈發生了什麼危機，企業正採取什麼措施來彌補。

3. 確定傳播所需的媒體，如名稱、位址及聯繫電話。

4. 確定媒體需要傳播的外部其他重要公眾。

5. 準備好背景材料，並不斷根據最新情況予以充實。

6. 建立新聞辦公室，作為新聞發佈會和媒體索取最新資料的場所。

7. 在危機期間為新聞記者準備好通信所需的設備。

8. 設立危機新聞中心，以接收新聞媒體電話，若有必要，一天24小時開通。

9. 確保企業內有足夠訓練有素的員工以應對媒體和其他外部公眾所打來的電話。

10. 應有一名高級公關代表置身於危機控制中心。

11. 如果可能的話，把危機控制中心設在一間安靜的辦公室內，以便危機管理小組的領導和新聞撰稿人能在危機控制中心工作。

12. 準備一份應急新聞稿，注意留出空白，以便危機發生時可直接充實發出。

13. 確保危機期間企業電話總機能知道誰打來的電話，應與誰聯繫。

三、危機處理

1. 面對災難，應考慮到最壞的可能，並有條不紊地及時採取行動。

2. 在危機發生時，以最快的速度建立「戰時」辦公室或危機控制中心，調配經受過訓練的高級人員，以實施控制和管理危機的計劃。

3. 使新聞辦公室不斷瞭解危機處理的進展情況。

4. 設立熱線電話，以應付危機期間外界所打來的各種電話，要選擇接受過訓練的員工來負責熱線電話。

5. 瞭解企業的公眾，傾聽他們的意見，並確保企業能瞭解公眾的情緒；如果可能的話，運用調研來調整企業的假想。

6. 設法使受危機影響的公眾站到企業的一邊，並幫助企業解決有關問題。

7. 邀請公正、權威性機構來幫助解決危機，以協助保持企業在社會公眾中的信任度。

8. 準備應付意外，隨時準備改變企業的計劃，不要低估危機的嚴重性。

9. 要善於創新，以便更好地解決危機。

10. 別介意臨陣脫逃的人，因為還有更重要的問題要處理。

11. 把情況傳給總部，不要誇大其詞。

12. 危機管理人員要有足夠的承受能力。

13. 當危機處理完畢，吸取教訓，並以此教育其他同行。

四、危機傳播

1. 危機發生後要儘快地發佈背景情況，表示企業所做的危機傳播準備，準備好消息準確的新聞稿，以告訴公眾發生了什麼危機，正採取什麼措施來彌補。

2. 當人們問及發生什麼危機時，只有確切瞭解危機的真正原因後才對外發佈消息。

3. 不要發佈不確切的消息。

4. 瞭解更多事實後再發佈消息。

5. 宣佈召開新聞發佈會的時間，以盡可能地減輕公眾電話詢問的壓力，做好新聞發佈會的全面準備工作。

6. 記住媒體通常的工作時間，如果發生巨大的災難，企業也許會接到從世界各地(不同時區)打來的電話，如果必要的話，新聞辦公室 24 小時工作。

7. 如果報導與事實有誤的話，應予以堅決回擊。

8. 建立廣泛的消息來源，與記者和當地的新聞媒體保持良好的關係。

9. 要善於利用和控制危機傳播的效果。

10. 在危機傳播中，避免使用行話，要用簡潔明瞭的語言來說明企業對所發生事情的關注。

11. 確保企業在處理危機時，有一系列對社會負責的行為，以增強社會對企業的信任度。

五、檢驗危機管理能力的七個方面

以下問題可以幫助我們檢驗企業的危機管理能力：

1. 如果是在非辦公時間出現危機，公司有什麼樣的內部溝通系統？例如，如果我們在週日上午 9 時遇到危機，需要多長時間可以把相關信息傳達到每一位相關負責人？

2. 公司是否建有危機預警機制？有什麼樣的危機反應計劃？這項計劃最後一次更新是在什麼時候？以前使用過該計劃嗎？它的有效性如何？它與公司的其他反應計劃能否匹配？

3. 公司內部問題或弱點一旦曝光後會對公司的經營造成什麼損害？如果某一個心懷不滿的員工或股東的訴訟案、政府調查或者新聞調查被公佈於眾，公眾的反應將是如何？我們將如何做出解釋以降低事件對公司經營和公司財務的影響？已經採取了那些措施把問題所發生的可能性降到最低？

4. 如果出現危機，誰將是發言人？或者由誰去與公眾溝通？如果發言人不在或者不適合這樣的場合，將由誰替代？他們應對記者尖銳提問的能力如何？對他們的可信度和說服力，公司有多大信心？在沒有危機發生時，誰是指定的發言人？

5. 如果公司發生了危機，發言人應該與公眾溝通多少信息？由誰來決定溝通信息的內容？決定的過程如何？

6. 公司如何跟管理隊伍和員工溝通，使他們首先從公司內部而不是新聞媒體或者客戶等外部獲得公司信息？公司如何與顧客、供應商和其他重要公眾進行溝通？公司應該如何做？用多長時間去做？

7. 公司的競爭對手在過去幾年有什麼危機被「曝光」？他們是如何處理危機的？用了多長時間？到目前為止，他們為此付出了多少成本、業務損失多少？他們被起訴和政府調查的前景如何？甩掉這樣的麻煩用了多長時間？從他們的危機事件中學到了那些經驗？

第 3 章

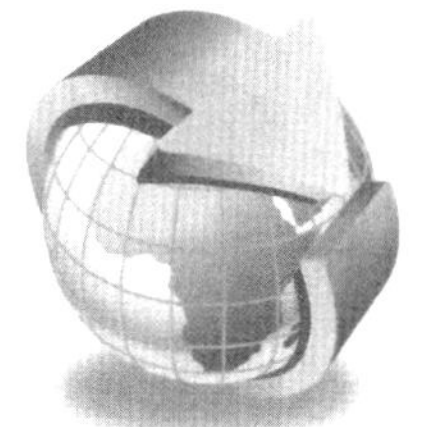

制定危機處理計劃

重 點 解 析

一、明確制定危機處理計劃的步驟

1. 確認危機

確認危機是在危機跡象出現後，通過搜集各方面的信息，對危機類型、危機來源以及可能蔓延的範圍、可能造成損害的嚴重程度等做出確認，並以此為基礎編制危機處理計劃。

2. 編制危機處理計劃

危機處理計劃描述的是危機處理過程中的整體策略，主要包括信息的發佈、多方的溝通、善後工作的開展、形象的維護、資源的配置等。

3. 修改危機處理計劃

修改計劃的工作是一個動態的調整過程，也就是說危機處理計劃要不斷地修改、調整和完善。

4. 針對計劃做好物資、人員等方面的準備

計劃的實施需要一定的物質資源做基礎。一方面，計劃的編制要考慮現有的資源，在資源可實現的前提下編制計劃；另一方面，根據制定好的計劃，要使所需的資源儘快到位，有足夠的物質資源做保障。

二、掌握制定危機處理計劃的方法

按所考慮的對象的範圍，可將制定危機處理計劃的方法分為權變計劃法和部份計劃法兩種。危機處理計劃應明確、具體、有針對性，並形成書面方案，達到制度化、規範化。

1. 擬定危機管理計劃的重要性

擬定危機管理計劃能夠使組織決策者和危機管理者擁有較強的信心，使他們做到職責明晰，各司其職；系統性的計劃能夠強化並支援組織下達決策的決心及應變的能力；能夠系統收集並掌握危機發展的關鍵性數據和信息。如果沒有危機管理計劃，組織可能會在危機面前手足無措，致使組織在危機發作的過程中越陷越深。

1984 年 12 月 3 日，聯合碳化物公司印度博帕爾市分公司洩漏出致命毒氣異氰酸甲酯，造成 3000 多人死亡，雖然該公司負責人安德森立即從美國飛往印度。當歷經 10 餘小時飛抵印度時，立即被警方逮捕。

此案例告知我們，沒有一個系統而標準的危機管理計劃，是很難挽救危機的。如果聯合碳化物公司在危機發生時，能夠立即啟動標準而具有流程化的危機管理計劃，使整個危機管理系統運作起來，而不只是組織負責人直赴現場，必定會產生另外一種結果：在從美國至印度的 10 餘小時的旅程中，如此嚴重的危機事件，無論是發展速度還是危害程度都是不堪設想的。

2. 危機管理計劃書

危機管理計劃首先要確定和分析危機爆發後的各種影響後果，其次要做出各種可能的綜合應對計劃方案和其他兩種預備性方案；第三要評估出各種方案中的最優方案，以及次優預備方案；最後要著手細化並準備實施方案。

面對任何一種危機，危機管理計劃的擬定無論是內容還是擬定形式都要預留出彈性，要切合時局和危機的動態變化。危機管理計劃書就結構而言，要具備如下一些內容。

①封面

要清楚地標明關鍵性的電話號碼（如組織主要領導人、危機管理小組相關人員的聯繫方式等）、危機管理計劃的有效性及相關具體日期等細節。封面設計要嚴肅、莊重而簡捷。

②授權書

計劃書要通過組織的法人代表、首席執行官或者分管主要領導的書面授權，以便危機管理小組能夠最大限度地發揮主觀能動性。

③簡捷概括

危機管理計劃手冊要條理清晰、語言通俗易懂，要概括出計劃的核心宗旨、目標、步驟、方法、手段，以便能夠真正成為所有閱讀計劃書、使用計劃書的特定人員和組織的行動指南。

④簽字

計劃書本身即具有保密性、通讀性和無異議性，故所有閱讀計劃書的人，都應該在計劃書上簽字並記錄閱讀日期，以便備案。

至於每類具體的方案，都應該遵循包含整體的、策略的和以業務單元為導向的原則。完整的計劃書可以提供非常詳盡的細節，協調一致的反應活動應該在策略計劃書中進行描述，而個體和團體所採取的業務單元的行動可在短期行動的計劃中予以體現。

三、建立危機處理框架結構

危機管理需要一定的組織做保障，危機管理框架結構實質上就是危機管理的組織機構，其組成如下。

1. 危機管理者

危機管理者必須訓練有素，能夠承受巨大的壓力，果斷行動，並且心理素質良好、溝通能力突出。

2. 首席危機管理者

首席危機管理者屬於組織的最高領導階層，負責從全局高度把握方向、協調各系統之間的關係，同時需要對危機管理者進行授權。

3. 危機管理指揮部

保證危機管理者與首席危機管理者之間信息的傳遞與溝通，負責收集信息、整理信息、傳遞信息，做好協調溝通工作，保證信息的準確性、暢通性、及時性。

4. 確定危機處理小組

危機處理小組是整個危機處理的核心和靈魂。計劃書必須確定整個小組都由那些部門和個人構成，在團隊中充當什麼樣的角色，具有什麼樣的權限，應該向誰負責。例如，小組組長是誰，新聞發言人是誰，以及他們的後備人選，等等。

5. 相關利益者清單

為使溝通更具實效，需要在計劃中按照重要程度依次列出需要進行溝通和協調的公眾、組織和團體。主要包含四部份內容：具有關聯性和影響力的主要媒體聯絡清單、主要政府單位和官員以及行業協會的聯絡清單、主要受危機影響的群體聯絡清單、主要專家學者的聯絡清單。

6. 應收集的資料

事前資料收集方式的主要目的有兩個，即充分瞭解危機的危害程度和發作趨勢，同時進行最充分的信息收集以作為應對危機的策略和支撐點。事中資料的收集則為危機管理提供動態性的信息，以便計劃的調整。事後資料的收集則是為進行危機管理效果的評估和危機報告的撰寫服務。資料可以通過公開的信息管道來獲取，更多的需要通過組織進行實地調查和人員訪問的形式來獲取。

7. 後勤保障

這是確保危機控制中心或者危機管理團隊工作順利進行的有利保證。例如，危機控制中心所在地選址的安全性，危機管理團隊日常生活飲食的保證，開設對外聯絡的電話專線、傳真，並保證電腦數量以及品質、順暢程度等。

8.計劃管理細則

計劃管理細則主要確定：誰負責具體制定計劃及制定計劃的內容，誰負責維護、修訂計劃的程序和審計的程序，誰負責計劃的演習和指導性的培訓等。

對全球工業 500 強企業的調查顯示：發生危機以後，企業仍被危機困擾的時間平均為 8 週半，未制定危機管理計劃的公司要比制定危機管理計劃的公司長 2.5 倍；危機後遺症的波及時間平均為 8 週，未制定危機管理計劃的公司同樣要比制定危機管理計劃的公司長 2.5 倍。可見，制定危機管理計劃，危機處理活動就有了行動的指南，可以無遺漏地、有條不紊地進行。

案例詳解

◎案例 5　缺乏有效的危機反應機制

一、案例介紹

日本三菱汽車的品牌一直是世界越野汽車的領導者形象，而其「帕傑羅」車型則是精品中的精品。「帕傑羅」車型的開發始終貫穿著三菱公司的基本方針——「時尚的設計」與「關注環保意識」這一設計理念。同時，在新車的開發研製中注重追求歷代車型獨特的外形和卓越的性能。然而，2001 年 2 月 9 日，中國的國家出入境檢驗檢疫局發佈緊急公告：由於日本三菱公司生產的「帕傑羅」

V31、V33 型越野車存在嚴重安全品質隱患，決定自即日起，吊銷其進口商品安全品質許可證，並禁止其進口。

帕傑羅事件起因：

2000 年 9 月 15 日，司機駕駛著三菱「帕傑羅」越野車，載著 3 位專家前往。在一個下坡彎道處踩剎車時，突然發現剎車失靈，而這時迎面正開來一輛東風大貨車，眼看就要發生撞車事故。司機憑著 20 多年的駕駛經驗，緊急採取拉手制動、換擋等措施，同時向右打輪到公路右邊的極限(右邊是一個深溝)，與大貨車擦身而過。

將車輛送到出入境檢驗檢疫局檢驗。經專家分析和實驗室鑑定：三菱「帕傑羅」越野車在設計上存在嚴重問題，車後部的鋼製感載閥下壓時便會碰到位於它垂直下方的後制動油管，而鐵製的後制動油管在多次碰磨後便被磨穿，使制動液流出，造成剎車失靈。出入境檢驗檢疫局隨後檢查了另外幾輛三菱「帕傑羅」V31、V33 型越野車的後軸制動管，結果令人震驚：這些車輛的制動管全部存在磨損現象。

報告很快送到國家出入境檢驗檢疫局，並引起高度重視。在初步搜集的情況中，雲南省已發現近 300 輛三菱「帕傑羅」V31、V33 型越野車存在後制動油管使用中被感載閥磨損的品質問題。西藏檢驗的 9 輛車中，有 2 輛油管已經磨漏。為了保護生命財產安全和防止危害事故繼續發生，國家出入境檢驗檢疫局及時做出了停止進口日本三菱「帕傑羅」V31、V33 型越野車的決定。

緊急公告後的一週，即 2001 年 2 月 13 日，三菱汽車公司的負責人才趕到中國消費者協會，與中國消費者協會的代表進行會談。日方對中國的「帕傑羅」V31、V33 型越野車的用戶表示歉意。此後，迫於中國國家出入境檢驗檢疫局、中國消費者協會的據理力爭和媒體輿論的壓力，日本三菱汽車公司逐步做出讓步。2001 年 2 月 17 日，三菱公司決定召回檢修三菱「帕傑羅」V31、V33 型越野車，中國用戶可就近到公佈的 44 家三菱維修站進行維修，更換制動油管。2 月 23 日，三菱汽車公司北京辦事處做出決定，對證明確為三菱公司產品技術問題為起因的事故，將按中國法律給予補償。同時，對所有在中國行駛的三菱舊款 V31、V33 型「帕傑羅」越野車實行無償召回檢修，檢修站由原來的 44 家增加到 54 家，並重新計算保修期。2 月 28 日，三菱汽車公司有關負責人向中國消費者協會遞交了《三菱汽車公司在中國召回——對消費者的賠償方案》。

二、案例分析

危機固然可怕，但是面對危機，遲遲不做出反應，更會加劇情況的惡化。日本三菱公司在「帕傑羅」事件處理上的遲鈍反應正說明了這個道理。三菱「帕傑羅」事件，應當說是為危機管理工作提供了一個非常好的反面範例。

⑴缺乏主動性

一般國家有關部門在採取嚴厲的措施前會向相關組織知會有關情況。所以當國家有關部門對三菱「帕傑羅」V31、V33 型兩個產品亮出紅牌時，三菱方面已經瞭解了這方面的消息，但由於三菱汽車對此事的嚴重性預見不足，2 月 8 日有關的消息從北京傳出，由於消息的來源是國家政府部門，消息的新聞性、權威性很快引起了媒體的極大重視，一時間許多有影響力的媒體都對此進行了詳細的報導。

⑵缺乏時效性

三菱汽車公司完全有時間在當天就主動承認此事，並在第一時間內宣佈在中國進行「召回」。然而，三菱方面不但沒有主動做出反應，各辦事處也都沒有對該如何應對媒體的採訪做出適當的部署。在媒體紛紛希望得到三菱汽車「官方」的說法時，卻被告知要等到事發後第二週的週一(4 天后的下午 5 時)，三菱汽車公司才在北京召開新聞發佈會，公佈將召回並檢修問題車輛的消息。不僅這是一個範圍極小的新聞發佈會，而且此後公司對眾多媒體進一步的採訪又採取了避而不談的態度。這樣組織又一次喪失了展開危機公關的時機，形勢也對三菱越來越不利。

⑶缺乏有效溝通

三菱公司於 2 月 15 日在日本召開新聞發佈會，宣佈再次大範圍召回車輛時，儘管其中僅有少量銷售到中國的產品，然而三菱方面並沒有及時把這一公告中的信息向中國發佈。以至於又是被動地使事件見諸報端，媒體對此次召回是否涉及中國提出質疑之後，才於 23 日向媒體發出召回車輛的信息。此時，三菱在中國的形象已經受到了極大的損害，其信譽度極度下降。

三、事件啟發

危機消息的出現，經常使組織的形象受到消極的影響。媒介消息的來源管道是複雜的、不同的，有時是相互轉載。因此可能對同一危機事件的傳播在內容上產生很大的差異。當危機發生時，作為危機的發生者——組織，應該以最快的速度，把危機的真相通過媒介告訴消費者，確保危機消息來源的統一，最大可能地消除對危機的各種猜測和疑慮。三菱顯然對這一原理沒有足夠的重視。

與此形成對比的是，福特汽車公司在國內許多消費者甚至媒體對其召回工作並不太知情的情況下，仍主動發佈了召回公告，而且對來自全國多家媒體的各種問題也不厭其煩地進行了解答。因此福特在國內的形象不但沒有受到影響，反而給人以「這是一家負責任的公司」的印象。這兩個事例足以成為應對類似事件的生動的教科書。前車之鑑，不得不引以為戒。

◎案例 6　輕率決策，放棄優勢

一、案例介紹

A.C.吉伯特公司成立於 1909 年。在 20 世紀 50 年代，它一直穩居美國玩具製造業的前 10 名，銷售額超過 1700 萬美元。多年以來，它的名字一直深受尊敬，同時也成為品質的象徵。它的「美國快車」和大吊車也為幾代人所熟知。然而，僅僅在 5 年之內，一切就都煙消雲散了。導致 A.C.吉伯特公司失敗的主要原因之一，就是公司在面臨危機時，用輕率、衝動的決策取代了以公司實力為基礎精心計劃的正確策略。最終，錯誤的判斷使過去穩步取得的成就化為泡影。

1961 年銷售旺季結束時，A.C.吉伯特公司的銷售額從 1960 年的 1260 萬美元直線下降，並且僅獲得 20011 美元的利潤。由於一直陶醉在過去的成就中，直到此時公司的管理者才意識到出了大問題。

面對 1962 年的巨額虧損，A.C.吉伯特公司採取了衝動、欠考慮的措施。公司的管理層，首先增加了產品的花色品種。前後總共增加了 50 多個新品種。新品種的服務對象從傳統的 6～14 歲的男孩，擴張到了女孩和學齡前兒童。A.C. 吉伯特公司採取的對策之二是不再依靠自己的銷售隊伍，轉而與獨立的代理商簽訂合約來推銷公司產品。而且，為了在超級市場、廉價商店和其他有進取心的零售商那裏擴大銷售，A.C. 吉伯特公司做出了一些代價高昂的讓步。例如，向一些訂貨商推行對其產品擔保銷售的方式。依據這種擔保銷售方式，公司必須承擔由於推銷不力、跌價及聖誕銷售旺季後對滯銷產品進行銷賬處理等帶來的風險。

此外，在 1965 年，公司發動了大規模的電視廣告運動和銷售點陳列展覽計劃，列入預算的銷售費用的 30%被用在這一規模浩大的推銷活動上。這樣的一個比例對於一家銷售額僅為 1100 萬美元左右，並且正面臨破產威脅的公司無疑是雪上加霜。由於對產品、銷售和時機的選擇考慮不當，推銷活動遭遇了失敗，從而為公司宣告破產埋下了禍根。

二、案例分析

A.C. 吉伯特公司帶給我們最主要的啟示是：一個組織必須提防在沒有考慮多種可行方案之前反應過快。因為，這是危機管理中最嚴重的一種失誤——讓倉促的措施加劇了過去的錯誤。

(1)盲目擴充產品種類

A.C. 吉伯特公司的主要優勢是它在品質上的良好聲譽，因此不應為了匆忙推出大量和競爭對手一樣的「廉價」新產品而犧牲品質形象。由於在倉促擴充新產品的過程中，沒有把公司的生產能力考慮在內，結果大量粗製濫造的產品被生產出來。這樣就給公司的工程技術和生產能力都帶來了很大壓力，不可避免地導致一些設計低劣的玩具品質不過關，對顧客缺乏吸引力。更重要的是，劣質的產品使該公司在製造高層次文教玩具方面品質優異的形象蕩然無存。

(2) A.C.吉伯特公司輕率改變銷售網路

該公司匆忙改變依靠自己的銷售隊伍的形式，轉而採用與獨立的代理商簽訂合約並擔保推銷公司產品的方式。擔保銷售常常是一個新廠家為打入市場在最迫不得已時採用的辦法。供應商在商品的商標還不為人所知，必須完全依賴零售商時，往往會被迫接受零售商提出的一些苛刻條件，但事實上，A. C. 吉伯特公司在 1963 年，它的產品品質仍具有很高聲譽和知名度。儘管經銷管道不如期望的那麼廣，但還是比較暢通的。

三、事件啟發

危機發生時，組織管理者首先要對面臨的危機進行仔細確認，進而根據組織的實力和資源對可能採取的解決方法和調整方案做出權衡斟酌。一個公司和一個品牌的聲譽是十分珍貴的。建立一種好的形象並非一日之功，但毀掉良好的形象有時卻只是一念之差。所以，A. C. 吉伯特公司的教訓同樣是危機管理中一個必須繞過的雷區。

面對組織的危機，遲鈍的反應固然不對，但輕率地放棄以前的計劃，匆忙應對，也只會雪上加霜。A. C. 吉伯特公司的失敗正是由於其輕率的決策所造成的。

◎案例 7　英國海上石油公司的危機管理計劃

一、案例介紹

英國海上石油公司作為洛杉磯聯合石油公司的分公司，擁有北海上的海澤· 阿爾法石油鑽井平台。它委託蘇格蘭公共關係公司審查公司已有的處理海上事故的應急工作程序並補充一個行動計劃。本案例即研究這一危機管理計劃的制定過程，並揭示其中所考慮的有關複雜問題及其細節。

(1)對現有應急計劃的審查

制定一個應急計劃的出發點是徹底分析和審查現有的工作程序。審查結果表明，儘管英國海上石油公司有一個精心設計的應急計劃，它包括了疏散、安全、防火、聯絡救援服務等內容，但是，它未將公共關係活動考慮在內，而在發生重大事故時，公關活動是必不可少的。

有時，企業很難認識到處理危機情況需要有一個經過反覆演習的公關計劃。實際上，不能很好地答覆媒體的詢問常會受到人們的誤解，以為這是企業默認自己犯了何種過錯。拒絕發佈信息，無論是全部的還是部份的，都會招致人們的猜測、錯誤的判定或更糟的錯誤信息傳播，甚至還會被認為是企業傲慢或意欲掩蓋事實。因此，在這樣的情況下，對媒體詢問的最壞答覆莫過於「無可奉告」。

企業不僅必須認識到在危機中與媒體溝通的重要性，而且還必須認識到那時不能與其他公眾進行有效溝通會給自己帶來的潛在危害，這些公眾包括員工親屬、政府及其機構、當地議員、地方管理機構、警方和緊急服務機構、保險和金融機構、環境保護主義者、特殊利益集團如漁民等。

在一個緊急事件中，也許不可能與所有公眾都進行直接溝通。因此，一個公司是否能與第一傳播媒體保持有效溝通，對於公司的聲譽至關重要。透過提供關於事件的真實信息和處理問題的步驟，發生危機的公司易被人們認為它控制了局面。與此同時，猜測和錯誤信息也能減少或完全消失，而公司本身成了事件的權威信息來源。

⑵工作目標

透過對英國海上石油公司現有應急計劃的分析和審查，很自然地得出了新計劃要達到的如下目標：一是確保英國海上石油公司在發生重大事故時，能有一批熟悉英國及國際媒體的工作人員；二是確保英國海上石油公司高級管理層能夠應付電視或廣播媒體的熱點採訪；三是確保事故發生後召集來的工作人員能及時得到有關的背景材料，以應付隨之而來的媒體和處在悲傷狀態下的員工親屬打來的大量詢問電話。

雖然這只是一種概括，但它已反映出一個直截了當的工作任務，它需要付出許多努力和進行週密考慮，以盡可能快地設想到危機發生後可能遇到的各種情況。這裏，確保工作人員得到適當的訓練，以瞭解媒體並對其詢問做出合適反應非常重要；讓所有指定執行應急計劃的人員清楚地瞭解整個應急反應工作程序也具有同樣的重要性。當然，應急計劃的一個關鍵組成部份是對計劃的演習，以確定在實際操作過程中不會有疏漏或出現其他問題。

在危急情況下，組織常常會不得不使用一些對與媒體打交道沒有經驗或對媒體工作所知有限的工作人員。因此，對有關人員給予必要的信息並進行訓練很重要，這有助於確保他們根據要求迅速進入「角色」。

⑶公關應急計劃的制定

①媒體。第一步是確定對事故感興趣的媒體範圍，以下是英國媒體的分類：地方報紙、全國性日報、通訊社、地方廣播電台和電視台、全國性廣播電台和電視台以及貿易、技術和專業媒體。這裏，不是僅僅把媒體分類情況告訴公司的有關人員就行了，更重要的是讓他們瞭解這些媒體不同的截稿時間。例如，通訊社的功能是把新聞「賣」給其他媒體，因此，它會 24 小時不間斷地就最新情況向外發送信息，以趕上各地媒體的截稿時間；地方和全國性廣播電台不斷報導最新新聞，因為在很多情況下它們都有簡要新聞報導。電視台主要的截稿時間是午間、清晨和晚間新聞報導前，其中晚間報導對全國性電視台最重要，而晚間稍早些時間的新聞簡要報導則對地方電視台來說最重要。早間電視報導中的新聞常常會有一些新的情況，這主要歸功於記者們清晨 4 點就開始工作。全國性日報很少在它們最終截稿時間(大約半夜)過後加入最新材料。因此，晚上 9 時後，全國性和地方報紙對信息要求的壓力大大減輕。晚報截稿時間是清晨，它們在早上 8 點到中午這段時間對信息的搜尋最為活躍。貿易和技術專業媒體一般是月刊，與本案例有關的媒體主要傳播報導石油工業的技術信息，文章要求有深度且具回顧性。英國海上石油公司的工作人員得到了有關媒體的詳細材料，瞭解了不同媒體的截稿時間和新聞興趣，這就能更好地應付事故發生時所面臨的媒體詢問。

②危機事件中應急工作人員的作用。無論在任何時候，特別是在緊急事件中，公司員工對保護公司的聲譽起著決定的作用。發生事故的企業不可避免地會成為媒體關注的焦點。因此，任何應急反應計劃的一個重要組成部份就是對有關工作人員進行訓練，使他們知道如何對眾多的詢問做出很好的答覆。應急工作人員必須懂得對一個似乎無足輕重的電話詢問做出輕率的答覆很可能會引來誤解或給企業帶來潛在的危害。給發生事故的企業打電話的，除了一些善意的外部機構外，很可能是那些急於瞭解情況的記者或員工親屬。

以下是處理詢問的一些基本要求：

接電話一定要有禮貌，言辭要準確；

工作人員切勿出於好意隨便與詢問者探討有關情況；

緊急事件中所有的溝通交流必須透過企業規定的正式途徑，打給企業的電話都應轉由公共關係或員工關係的工作人員來處理；

當現有人員無法承受大的電話壓力時，或詢問電話在公司危機處理小組尚未到位就打了進來，必須告訴對方稍過些時候再打來，以便有關人員就位；

接電話一定要注意禮貌和策略，以免引起猜測。

③答覆各類詢問。在緊急事件中，詢問將來自於各個方面，因而需根據不同情況區別處理。

來自員工親屬的詢問。對於這類詢問要以同情的態度予以對待，若一時無法提供確切的信息，也要讓家屬們感到他們沒有被「欺瞞」。因為若信息匱乏，員工親屬們很自然地會感到焦慮和不安，這將導致他們與當地評論員或媒體接觸，散佈公司對員工不負責的信息。

來自媒體的詢問。儘快向媒體提供真實信息也同樣重要。在事故剛發生時，錯誤的信息總是氾濫成災。而且一旦這些信息見諸報端，它們就會構成事實假像，難以更正。因此公司至少應該準備一份初步情況的聲明，直到有了足夠的信息再對外發佈進一步的消息，這一點很重要。

來自其他利益團體的詢問。這些可依據它們與事故的利害關係輕重予以分類，如海洋警衛隊、警方等；另外還可能有一些無明顯利害關係的公眾的來電，如有些電話只是公眾想表達一下他們的同情。無論如何，這類詢問都需要得到禮貌的接待，並轉至公司適當的部門予以處理。在危機發生時，危機處理小組承受著很大的壓力，因而不太重要的電話雖應被禮貌地接待，但可要求對方有些耐心；而對那些重要電話則應給予充分的重視，要麼立即給予答覆，要麼在其他較方便的時間回覆對方。

因此，對於公司來說，接聽電話是處理緊急事件時的一項最基礎和最重要的工作。為此，必須有清晰的行動指南，明確這些電話將轉向何處。答覆這些電話很自然地會有壓力，這種壓力在工作人員被要求延長工作時間而無休息時，尤顯突出。因此，挑選和培訓危機處理小組工作人員必須十分仔細，在危機的緊急關頭，特別是當危機持續幾天或幾週的情況時，一批候補人員可以幫助一線的應急工作人員減輕負擔。處理好事故剛發生時的公眾詢問很重要。即使在應急計劃奏效後，在隨後的幾天或幾週內，公司可能從媒體或其他組織那裏接到詢問電話，這些詢問同樣必須被認真對待，並轉至有關的部門。

⑷給緊急事件分類

英國海上石油公司對事故有一套自己的分類方法，即根據事故的嚴重程度以對海上事故做出相應的反應，並就此加強應急小組的工作。

① A 級事故。即可能引起嚴重的人員傷亡或設備損壞的事故。這是指涉及人員傷亡或設備損壞的事故，但還不至於停工或撤離。事故本身需要調查，設備需要修理，但事故已經結束，即沒有引起進一步的麻煩或事故沒有變得更加嚴重的可能性。在這種情況下，來自媒體的詢問可由公司指派專人處理，而不動用媒體反應小組的全體成員或外部的公關公司；來自員工親屬方面的詢問可由人事部門在警方協助下予以處理。

② B 級事故。即致命的災禍和設備損壞並導致停工的事故。這是指涉及致命的災禍、設備嚴重損壞並導致停工的事故，這需撤離非必需的人員；事故可能還在發展中，有可能變得更為嚴重。這種情況下，受過專門訓練，能在壓力下處理媒體詢問的應急媒體反應小組與公司指定的工作人員或專業公關人員合作，可發揮作用；來自員工親屬的詢問仍由人事部門與警方密切聯繫予以處理。

③ C 級事故。即可能的重大災難。這是指涉及致命的災禍，設備需要全部撤離，且可能對業務產生長期影響的事故。這種情況下，全部應急媒體反應小組成員必須與專業公關人員合作立即開始活動。

⑸處理媒體詢問的工作綱領

為應急媒體反應小組建立一套工作綱領，並對其成員進行訓練，有利於幫助他們應付可能面對的各種事故。

工作綱領要求工作人員注意下列關鍵要點：

①當事故為B級或C級時，媒體的興趣往往十分強烈；應急媒體反應小組接聽電話頻率很高，壓力很大。

②媒體獲得有關事故的新聞最早始自它們對自己信息源的常規核查，這種核查一般在早上8點(晚報進行第一輪編輯)到下午兩點(晚報進行上版前的最後一次編輯)之間，對於電台和早間電視節目，常規核查可能始於淩晨四五點鐘。

③媒體的信息源主要是警方、醫院、海岸警衛隊、海上無線電台、直升機關於地面交通狀況的聯絡和其他與海上工作人員的聯絡。

④這些信息源經常在海上事故剛發生時給記者提供一些模糊的細節，這些支離破碎的內容會很快傳播開來，從而引發出嚴重的問題。如當記者拿到消息時，已到了廣播或報紙編輯的截稿時間，記者就不經過推敲核查，就把不準確的消息發出去。

⑤公司「無可奉告」的反應，只會向記者證明公司想隱瞞什麼，並刺激人們的猜想。在緊急狀況下重要的是面對媒體或其他有關團體的詢問，盡可能提供已知的事實真相。

⑥必須準備好一個事先草擬的初步聲明，以在一份內容更充實的聲明之前做補缺之用。

⑦應急媒體小組應接受並記錄各類媒體的詢問，並建議對方何時再來電詢問進一步的消息。

⑧當然其他有關的詢問也應該被記錄下來，並向對方提供有準備的有效的答覆。

⑨電話應答技巧。應急媒體反應小組工作綱領中很重要的一部

份是電話應答技巧。在所有的緊急情況下，與媒體聯絡的重要手段就是電話，小組成員必須瞭解電話的局限性以及電話溝通交流的特點，有關人員應該接受電話應答技巧訓練，進行「標準反應」的準備與練習。訓練時應強調說話要用平靜、動人、真誠的語調，切勿給對方留下一種無動於衷和傲慢自大的印象。

⑩「要」與「不要」。一「要」。要把經上級認可的消息提供給媒體；若有疑問，要與公眾協調員商量；要只從公關協調員那裏接收有關的新信息；要避免對事故進行任何的猜測；如果有人問你名字，要告訴對方；要把你的作用看成是「英國海上石油公司新聞發言人」；要盡可能地有禮貌並謙虛；要在記下所有詢問的同時，記下對方的名字、電話及來電的時間；要建議對方主動再來電話，這比你打給他們好；要把員工親屬的詢問轉至有關部門；要假設你對記者所說的每一句話都將被報導出去。二「不要」。不要提供任何未經上級認可的信息；不要假設任何事情；不要提供非正式的信息；不要輕易答覆任何詢問，除非已有了十分確切的消息；不要輕易展示你在公司裏的真實身份；不要喪失你的冷靜。

⑪使用背景材料。在任何緊急事件中，一般都有對公司背景材料或特殊技術數據的需求。應急反應工作程序中的一個重要部份就是準備這些背景材料，以便需要時提供給媒體；應急媒體反應小組的全體成員必須對這些材料非常熟悉。在危機發生的初期，媒體總是急於瞭解公司以及與事故有關的各種信息，向記者提供這些背景材料有助於減輕應急小組最初的工作壓力。

⑫與媒體記者面對面地交流接觸。雖然在危機發生的初期，公司與媒體的接觸傾向於使用電話，但是隨著事態的發展，媒體可能

會要求面對面地採訪主持工作的經理。此時應急反應小組會將這類要求轉給公關協調員處理決定。在某些情況下，新聞記者和攝影記者會試圖闖入公司辦公室，甚至可能在公司的門口台階上「安營紮寨」，希望採訪那些走出來的公司人員。應急反應計劃應包括一些安全措施，以防止任何未經許可的人員在危機期間闖入公司辦公室。記者得到的最好待遇就是候在公司大樓外面，公司的有關工作人員應被告知如何回覆採訪要求。通常來說，答覆電話詢問的要點同樣適用於對付面對面的詢問，也就是說，要有禮貌並保持冷靜。工作人員必須被告知不能透露任何未經上級認可的非正式的消息，而無論這些信息看似多麼無所謂。他們還必須被告知，對記者採訪要求的正確反應是簡單地說明自己無權代表公司接受採訪，並把記者引導至公司的新聞發佈辦公室。公司必須向工作人員指出，一旦他們面對麥克風和攝像機就代表著「公司形象」，他們必須平靜、鎮定和自信。

⑹其他工作

①與警方合作。當嚴重的海上事故發生時，必須按法定要求報告警方，警方會派員進駐公司辦公室，以幫助公司與警方進行聯絡溝通。警方在答覆員工親屬詢問，通知那些死難、受傷或失蹤員工親屬等事情上起著很大的作用。警察局會在其總部張貼通告，並隨著事態的發展更換通告。這要求公司的公關協調員與警方建立密切關係，以確保雙方自始至終對外發佈一致的消息。警方一般能提供外線電話以接待員工親屬的詢問，這樣也就緩解了公司所承受的壓力。

②處理非媒體的詢問。很容易理解，危機事件中最敏感的非媒

體詢問來自員工親屬。一般情況下，這些詢問最好由公司人事部門或警方來處理。但若可能，最好由公司代表出面處理，因為這樣做能表明公司對其員工的關心照顧。然而大量的電話詢問則要盡可能轉到警方那裏去。議員們、地方政府或許那些關心環境的環境保護主義者也會來電詢問，這時應遵循的基本原則是區分這些詢問究竟是事務性的，還是非事務性的。那些來自能源部門、防衛搜索救援部門、海岸警衛隊，或其他善意的救援部門的事務性的詢問應轉給公司合適的部門；而那些非事務性的詢問，則應轉給那些可以迅速地做出判斷並決定處理方法的公關協調員。

③計劃演習和人員訓練。雖然C級事故並不一定會發生，但其可能性是始終存在的。這就需要所有業務人員都有一份合適的應急計劃，並階段性地對計劃進行演習，定期檢查海上應急設備情況，以確保其在需要時可投入使用。那些參與處理緊急事件的人員可能會更換，為此要培養新成員；那些在緊急事件中需要向媒體提供的背景材料需要經常更新；在必要時還得修改應急媒體反應工作程序；在某些情況下，傳播技術的變化還會影響信息的傳播，例如，最新傳真設備可傳送照片。作為英國海上石油公司應急計劃的一部份，蘇格蘭公關公司還承擔了一些任務，例如，訓練應急小組成員，設計應急反應練習以檢查應急計劃的可行性，提高有關人員處理危機的工作水準。對應急媒體反應小組成員的訓練設計盡可能模仿緊急事件發生時的情況，這有助於工作人員鍛鍊工作能力，並把任何可能出現的問題同應急計劃聯繫起來。作為訓練的一部份，應急媒體反應小組還遇到這樣的測驗，即使他們對媒體可能會提出的詢問類型及媒體會向公司尋求的信息類型有一個認識。

下面舉一例，這是關於幫助工作人員準備應付一個緊急事件的練習。

下面是一些重大事故發生時媒體可能詢問的問題，請將它們按你認為的重要性的順序重新排列。這個測驗使你瞭解媒體人員所尋求的信息類型。①公司過去的安全記錄如何？②鑽井平台在什麼地方？③事故是什麼時候發生的？④有多少人受傷或死亡？⑤鑽井平台離當地有多遠？⑥如何安置員工親屬？⑦事故的原因是什麼？⑧鑽井平台上有多少人？⑨現在其他設備有沒有危險？⑩採取了什麼疏散人員的方法？⑪鑽井平台是否已經關閉？⑫公司駐地在那兒？⑬公司在北海經營多久了？⑭英國公司員工有多少人？⑮公司的經營範圍？

二、案例分析

「危機管理」現已成了「應急反應計劃」中的一個重要術語。許多大公司都已制定了這樣的計劃，並將此視為對公司聲譽的保險政策。本案例告訴企業在準備處理一起緊急事件時應採取的一些具體措施。

制定有效的應急計劃或危機管理計劃的核心問題是對細節給予最認真的關注，盡可能地考慮會發生的一切情況。然而，預測一個危機事件對企業的全面影響是很困難的，甚至準備一個「最壞情況下的計劃」，也不能使企業完全應付一個大災難的後果。

英國海上石油公司在針對處理緊急事件的訓練中注意對更廣泛的人員進行訓練，這很有必要性。既然危機可能會在任何時候襲來，且破壞程度各不相同，擁有一定數量的人員以協助應急小組工作或能夠「堅守陣地」直到應急小組成員到位，這就顯得很重要。

同樣正如本案例所示，應急工作程序必須不斷演習，並予以調整，這種更新調整必須包括對媒體的新認識。在準備應付緊急事件時，訓練公司的發言人也很重要，因為他們可能在危機中遇到來自媒體的最大壓力，他們的觀點也會被視做代表公司。當然，這些人員必須經過挑選，並對可能帶來的壓力有充分的準備。

本案例還告訴人們要準備一套關於組織的詳細背景材料。事實證明，這套材料作為應付媒體詢問時參考是極有價值的。

正如本案例向人們所顯示的，有效管理最重要的原則是保持對信息流通的控制權。這不僅指控制組織自己發佈的消息，還必須保證其他有關部門的工作任務，所有參與工作的人員都必須從根本上認識他們的工作與企業的聲譽密切相關。對危機管理小組一個重要的教訓是若要使一個企業走出危機，並使其聲譽及其與公眾的關係不受損害，他們必須對危機中的傳播交流工作保持一種職業上的敏感態度。

心得欄

第 4 章

預先建立危機管理小組

重 點 解 析

一、建立危機管理機構

危機管理機構是正確、及時處理危機的組織保障。建立危機管理機構主要包括五個方面的工作：確立董事會風險監管職責、委任首席危機官或危機管理組長、斟選危機管理小組、確定全員危機管理機制、與專業的危機管理諮詢單位合作。

1. 確立董事會危機監管職責

董事會和董事參與制定並批准企業的戰略方向，確認有適當、到位的控制機制，識別、管理和監測那些從其企業的商業戰略衍生出來的商業風險，並權衡企業可接納和承受的風險程度及類型。

⑴我們如何將風險管理和公司的戰略方針及計劃相結合？

⑵我們主要的商業風險是什麼？

⑶我們承擔的風險適量嗎？

⑷我們識別、評估以及管理商業風險的機制有效嗎？

⑸組織成員對「風險」的理解是否一致？

⑹我們如何確保風險管理成為各商業分部的計劃及日常運作中不可或缺的一部份？

⑺我們如何確保董事會對風險管理的期望能傳達給公司的僱員並經由他們得以貫徹？

⑻我們如何確保執行官和僱員們的行為能夠實現組織的最大利益？

⑼如何在組織內部協調風險管理？

⑽我們如何在適當的風險容忍限度內確保組織的行為符合經營計劃？

⑾我們如何監測和評價外部環境的變化及它們對組織的戰略和風險管理實務的影響？

⑿對於面臨的風險，董事會需要獲得什麼樣的資訊以幫助履行其管理和治理職責？

⒀我們如何得知董事會瞭解到關於風險管理的資訊是正確和可靠的？

⒁我們如何決定應該發佈那些風險資訊？

⒂我們如何從組織對風險管理程序和活動結果的學習中獲益？

⒃在對風險管理的監督中，作為董事會，什麼是我們的重點？

⒄董事會如何履行監管機遇和風險的職責？

⒅董事會如何確保至少其部份成員有風險方面所需的知識和經驗？

⒆作為董事會，我們如何幫助建立「來自高層的聲音」，以鞏固組織的價值並促進一種「風險意識文化」。

⒇我們對董事會在風險監管方面所盡到的應盡職責有多滿意？

2.委任首席危機官或危機管理經理

由具有高度專業能力，同時在公司有絕對權威的首席危機官（或危機管理經理）領導危機管理小組，進行危機的管理工作。首席危機官不是常設職位，一般由公司高層兼任。首席危機官直接對董事會負責，一旦危機發生，所有的部門都必須服從首席危機官的指揮。

首席危機官的職責是：

⑴制定危機管理方針政策；

⑵確定危機管理戰略與戰術；

⑶制定危機管理計劃，編寫《危機管理手冊》；

⑷提高全員危機意識，並進行危機管理培訓；

⑸領導危機管理小組，對企業的各方面進行評估，防範危機的來臨；

⑹當危機來臨時，迅速做出正確反應，避免或降低危機的危害。

3.建立危機管理小組

危機處理小組是處理危機事件的最高權力機構和協調機構，它有權調動公司的所有資源，有權獨立代表公司做出任何妥協或承諾或聲明。小組成員至少應包括：企業最高負責人、法律顧問、公關顧問、管理顧問、業務負責人、行政負責人、人力資源負責人、小組秘書及後勤人員。

危機管理小組的職責是：

⑴制定危機管理的策略和計劃；

⑵對危機進行監控和預測：

⑶對危機的防範措施和步驟進行監督；

⑷發生危機時，確定危機應對方案；

⑸危機結束後，確定復興和發展方案。

4.確定全員危機管理機制

每個組織成員都必須對自己職責範圍內的危機進行控管。

⑴人力資源部的危機管理職責

描述各部門的危機管理職責，並配合危機管理小組對全體員工進行危機管理培訓。

⑵各職能部門危機管理職責

提高各自部門的危機意識，對各自領域內的危機管理措施進行定期審核，對日常工作中可能發生的危機進行防範。

5.與專業的危機管理諮詢單位合作

不識廬山真面目，只緣身在此山中。由於長期在企業內部，很有可能對企業的危機失去敏感性，因此應該與專業的風險危機管理機構，如風險管理諮詢公司、公共關係諮詢公司、金融保險公司的風險管理服務機構、行業協會等進行合作，借助他們的專業服務能力和經驗，內外結合，使危機管理更有效率、更有效果。

二、危機管理小組成員的選拔

危機管理能力所涉及的因素複雜，是知識、經驗、智力以及情感、意志等因素的綜合結果。一個合格的危機管理人才，必須具備如下素質：

1. 在公司中擁有權威；

2. 政治過硬，有高度的責任感，能從戰略高度把握全局；

3. 有專業的危機管理知識儲備，瞭解如何正確認識危機、危機的演變週期、危機管理的關鍵原則、危機應對程序的建立、危機防範體系的建立及危機溝通技巧等；

4. 具有強烈的危機意識，能夠敏銳地洞察危機的發展；

5. 有膽有識，反應迅速，處事果斷；

6. 具有冒險精神，敢於打破常規，能夠靈活應對各種複雜情況，敢於迎接挑戰；

7. 有強烈的進取精神和創新意識；

8. 能夠很好地控制自己的情緒，在外界壓力下，能保持冷靜、臨危不亂、沉著穩健；

9. 有耐心，不急於求成：

10. 善於溝通和傾聽，能夠通過適當的眼神、聲音或肢體語言取得他人的認同；

11. 富有同情心，善於理解他人；

12. 精力充沛，能進行長時間工作。

表 4-1　危機管理小組的職責分工

負責領域	職務內容
總務	1. 與緊急對策有關的設施等的維修、管理及安全保護； 2. 取得各負責區域人員的電話及其通信線路資料； 3. 取得和統一管制一般電話和臨時電話； 4. 當地派遣小組的出差及出國手續； 5. 車輛、飛機、直升機等可能運輸工具的準備； 6. 因緊急對策而隨之發生的出納業務及緊急支用物品的籌措及管理； 7. 對公司內外相關人員提供飲食、住宿等與生活有關的準備； 8. 負責危機管理小組因危機而產生的其他事務
對外聯絡宣傳	1. 掌握與該危機有關的資訊，同時徹底執行； 2. 統一對公司內外發佈信息； 3. 撰寫對外各相關聲明等公文； 4. 與客戶、供貨廠商及其他關係人之間的聯絡； 5. 提供資訊給大眾傳播媒體和準備、舉行記者溝通會； 6. 與行政機關的聯繫； 7. 接待外來者或者與之交涉； 8. 與受害者家屬之間的聯絡； 9. 應對與其他緊急情況有關的宣傳業務
保險法規	1. 決定保險處理方針； 2. 與保險公司之間的聯絡； 3. 與法律顧問等關係人之間的聯絡； 4. 對損害賠償的支付及請求有關的業務； 5. 其他與保險、法規有關的業務

續表

負責領域	職務內容
補給	1. 準備與取得原料等的物資補給； 2. 準備與取得貨物流通的管道； 3. 產品的保管及對客戶的送貨業務； 4. 其他與補給有關的業務
製造	1. 與工廠或提供服務單位之間的聯絡； 2. 關於執行製造業務的資訊搜集、分析及實際狀態的掌握； 3. 在製造或服務現場中，有關製造或服務方面的建議及指示； 4. 針對製造業務或服務業務的執行，與消防隊等行政機關之間的聯絡； 5. 取得替代產品及充實國內外的資源體制； 6. 其他與製造方面有關的業務
修理、修復	1. 對工廠進行緊急措施和與修復有關的建議及指示； 2. 選定和儲備修繕事業者； 3. 估計損傷程度和籌措修理、修復的資財； 4. 其他與修復有關的業務
當地派遣	1. 任命危機爆發地的總指揮； 2. 銷售有關的組織； 3. 實施對策以救助人命、避免財物上的損失為優先處理順序； 4. 與總指揮聯絡之後，賦予當地一切權限； 5. 執行其他當地業務

案例詳解

◎案例 8　長虹公司無法收回海外應收賬款

一、案例介紹

四川長虹公司曾經是中國家電行業的知名品牌，在上海證券交易所掛牌上市。

上市後十年間，長虹因其業績突出，在當時成為廣大投資者和分析師熱捧的對象，股價歷史最高峰時曾創下 66.18 元的天價。然而，就是這樣一隻藍籌股、績優股，在 2004 年出現了上市十年來首次虧損，並且令人驚愕的是，虧損額竟高達 36.81 億元人民幣。當四川長虹預虧的消息公佈後，其股價從每股 8 元掉到每股 4 元，跌幅達 50%，給投資者造成巨大的損失，長虹的聲譽也一落千丈。那麼究竟是什麼原因使絢麗的彩虹失去了往日的光彩？

四川長虹預虧的原因，是其預計無法收回海外應收賬款，公司董事會決定按更為謹慎的個別認定對公司應收美國出口代理商 APEX 的 4.675 億美元賬款計提 3.1 億美元壞賬準備，同時，對南方證券的委託理財計提 1.828 億美元減值準備。

事實上，在「長虹事件」之前，中國也有其它的彩電生產廠商出現過相同的欠款問題，但因果斷終止了與 APEX 的合作，從而及時避免了損失，可是長虹卻未逃過巨額欠款無法追回的劫難。

早在 2004 年之前，長虹就發現了從 APEX 收款有些問題，為什麼還是不斷地送貨到美國，換回無法兌現的空頭支票呢？除了不遺餘力地進軍海外市場的主觀意願過於強烈外，長虹的內部控制及海外銷售風險管理的不足，也是造成其將巨額資金無法收回的一個重要原因。

1. 昔日「中國彩電大王」

四川長虹是 1988 年 6 月由國營長虹機器廠獨家發起並控股成立的股份制試點企業。同年 7 月，經中國銀行綿陽市分行批准向社會公開發行普通股 3600 萬元。1994 年 3 月 11 日，四川長虹在滬市 A 股上市，上市首日開盤價便達到 16.80 元，收盤為 19.69 元。上市以來，長虹的業績一直不錯，利潤連年快速增長，被譽為家電行業的「紅旗股」。1997 年 5 月，其股價一度創下 66.18 元的歷史最高位。長虹的淨資產也從最初的 3950 萬元迅猛擴張到 133 億元，成為當時中國家喻戶曉的電器品牌，被稱為「中國彩電大王」。

然而，利潤表上的上佳表現掩蓋不了資產負債表中高額的應收賬款。長虹公司雖然表現出色，但長期存在著應收賬款週轉率低於其他彩電業上市公司的問題。應收賬款週轉率低，不但會使得公司缺乏經營性現金流，不利於公司的日常經營，而且也會大大增加公司的財務風險。如果應收賬款長期收不回來，高額的利潤轉眼間就會化為烏有。

從 1998 年開始，越來越多的企業進入彩電行業，彩電市場幾近飽和。於是各個商家開始打起了價格戰，商場裏四處可見各種促銷降價，彩電的價格逼近成本，長虹的利潤空間越來越小，於是業績也就隨之開始下降，2000 年的淨利潤由 1998 年的 20 億元左右降到不及 3 億元。

國內彩電市場前景慘澹，長虹決定開拓海外市場尋求生路。2001 年 2 月，長虹集團前董事長兼總經理倪潤峰退居二線後再次複出，他把著眼點放到了美國。在多次赴美考察後，他選擇了美國 APEX Digital Inc 公司作為長虹在美國的出口代理商。2001 年 11 月，長虹與 APEX 簽下了合作協議。

2. 美國 APEX 與季龍粉

季龍粉是江蘇常州金壇人，1987 年赴美國加州自費學習，1992 年成立了在美國的第一家公司。當時，從事廢棄五金、紙類回收的貿易工作，徐安克負責在美國收購，季龍粉負責賣到中國內地。

1997 年，季龍粉在美國加州安大略創建 APEX 數碼公司。該公司是季龍粉主導的美國三聯公司、香港大洋公司和原鎮江江奎公司成立的合資企業。APEX 的 DVD 銷售當時在美國名噪一時，然而也有人說其經營上有著卑鄙的一面，說他透過小額交易建立信譽，然後用賒賬的方式與供應商交易，拖欠了國內多家 DVD 製造商數千萬美元的貨款。季龍粉 2000 年轉入彩電業，做國內的家電行業在美國的出口代理。據報導，在與長虹彩電合作之前，APEX 公司同國內數家電器公司在業務上一直保持緊密合作，季龍粉常利用國內家電企業急於進入美國市場的心理，合作前承諾並支付一定數量的貨款，待貨物到美國後，便尋找種種理由不付款。在 2001 年前後，包括中國五礦進出口公司、宏圖高科、天大天財等都已經覺察到 APEX 季龍粉的騙人伎倆，陸續停止為其供貨，並採取法律手段等積極措施追討。

3. 巨額應收賬款埋隱患

APEX 有欠錢不還的不良記錄，這一點倪潤峰也有所耳聞，他自己在美國待了兩週，又派公司其他高管赴美國對 APEX 考察了 58 天。但是即便如此，複出後的倪潤峰因為有儘快做大業績的壓力，便將潛在的風險暫且擱置一旁。在 2001 年 7 月 16 日，滿載著長虹價值 200 多萬美元的各類彩電的「直通美國」的專列緩緩駛出了綿陽車站。從這一刻開始，季龍粉開始以低價在美國銷售長虹彩電。當年長虹的 1100 萬台彩電銷量中，即有 400 萬台來自出口。

當時雙方的合約中規定，長虹將彩電發向美國後，由 APEX 在美國直接提貨。接貨後 90 天內，APEX 公司就應該付款，否則長虹方面有權拒絕發貨。可是彩電發出去之後，美國方面的貨款有時遲遲收不回來，而長虹並沒有按合約採取措施，而是一方面提出對賬，另一方面繼續發貨。就是這樣的「姑息」，為今後的收賬難埋下了隱患。這種欠賬的情況一直存在著。作為長虹對美出口最大的經銷商，四川長虹應收賬款帳戶下，APEX 的餘額居高不下，且一年比一年高。

資料顯示，截至 2003 年年底，長虹應收賬款的期末餘額高達 50.84 億元，而在這筆巨額應收賬款中，僅來自 APEX 公司一家的欠款就高達 44.51 億元。同時還出現了 9.34 億元賬齡在一年以上的欠款。客觀地講，此時無論是誰看到了這樣的數字，都會覺得 APEX 就像一顆重磅炸彈，只要稍有閃失，隨時都可能將長虹幾年的利潤化為烏有。而即使在這種情況下，長虹依然漠視巨額應收賬款的存在，沒有採取任何措施，僅僅計提了 9338 萬元的壞賬，2004 年仍繼續向美國白白發了價值 3000 多萬美元的貨。

4.計提巨額壞賬，股價暴跌

終於，這顆重磅炸彈還是在 2004 年年末引爆了。2004 年 12

月 28 日，四川長虹發佈了年度預虧提示性公告。公告稱「公司美國進口商 APEX 公司由於涉及專利費、美國對中國彩電反傾銷及 APEX 公司經營不善等因素出現了較大虧損，全額支付公司欠款存在著較大困難。公司對美國突如其來的彩電反傾銷、其他外國公司徵收高額專利費的影響以及對 APEX 的應收賬款可能會因前述影響產生的風險難以估計。據此，公司董事會現決定按更為謹慎的個別認定法對該項應收賬款計提壞賬準備，按會計估計變更進行相應的會計處理。截至 2004 年 12 月 25 日，公司應收 APEX 賬款餘額 46750 萬美元，根據對 APEX 公司現有資產的估算，公司對 APEX 公司應收賬款可能收回的資金在 1.5 億美元以上。目前正在進行對賬和核實工作，具體計提金額將在 2004 年度報告中披露。同時，為了最大限度地減少損失，公司正積極努力透過各種合法途徑對該筆應收賬款進行清收。」此公告一出，長虹股價連續跌停，投資者的謾罵聲四起，長虹的名聲一落千丈。

2005 年 4 月，四川長虹披露的年報報出上市以來的首次虧損，2004 年全年虧損 36.81 億元。公司對美國出口代理商 APEX 的 4.675 億美元應收賬款計提 3.1 億美元壞賬準備，同時對南方證券的委託理財計提 1.828 億元減值準備。

同時，2004 年 12 月 14 日，四川長虹以一組與 APEX 於 2004 年 10 月簽訂的一系列協定為據，向美國加利福尼亞州洛杉磯高等法院申請臨時禁止令，要求禁止 APEX 轉移資產及修改賬目。長虹在上報法院的資料中稱，按照「協定」，APEX 共欠長虹 4.72 億美元貨款。自此，長虹開始了漫長的追討歷程。

2005 年 3 月，四川省綿陽市領導在一個新聞發佈會上透露，長虹已經從 APEX 追回 1 億美元。2005 年 7 月，雙方達成協議，APEX 公司向長虹提供三部份資產抵押作為其部份欠款 1.5 億美元的擔保。APEX 公司抵押的三部份資產：一是 APEX 公司的不動產；二是 APEX 及其總裁季龍粉持有的香港創業板上市公司中華數據廣播控股有限公司的股權；三是 APEX 商標。三部份資產的抵押登記手續於當月辦理完畢。

截至 2006 年 4 月 22 日，長虹發佈信息披露，已於 2006 年 4 月 11 日與美國 APEX 公司及季龍粉三方簽署協議，約定 APEX 公司承擔對長虹的 1.7 億美元(約 13.6 億元)債務，三方由此終止在美國的所有訴訟。該協議經雙方確認無異議於 4 月 20 日生效。2006 年 12 月，長虹發佈資產置換關聯交易公告透露，上市公司將把美國 APEX 公司的 4 億元債權和近 12 億元存貨悉數甩給母公司，長虹集團將長虹商標和土地使用權置人上市公司進行資產置換。至此，長虹上市公司徹底擺脫了由 APEX 造成的巨額海外應收賬款的包袱。

二、案例分析

自 2003 年年底長虹預虧以來，很多分析師和評論員都將其稱為神話的破滅。

長虹曾經擁有那麼多的「第一」，中國股市歷史上第一隻藍籌股的代表，第一隻國企大盤股的代表，第一次提出價值投資理念的個股代表，第一隻成長型上市公司的代表……然而如此強大的企業竟被一個劣跡斑斑的海外經銷商所拖累。企業進入國際市場，參與國際競爭是大勢所趨，應該值得鼓勵，但是在跨國經營中所面臨的經營風險、財務風險、信用風險等問題一定要引起企業的足夠重視。只有在充分分析這些風險的基礎上，採取必要措施將其控制在可接受的範圍之內，才能確保海外銷售的安全。分析四川長虹海外業務風險管理，尤其是應收賬款風險的控制，可看出有如下的漏洞。

1.風險意識缺失

四川長虹所處的彩電行業，技術含量不是很高，即便是在國外市場，競爭的程度也很激烈，除了大打價格戰，商家也紛紛放寬了信用額度，對貿易夥伴或經銷商的欠款行為採取「寬容」的方式，以此來增加出口額。

許多企業甚至為了完成出口量，既不對貿易夥伴或經銷商的信用進行調查，也不積極採取措施督促對方還款，因此給企業造成了難以估量的損失。長虹在選擇美國經銷商的時候，正好面臨著國內市場惡性競爭加劇，急需向海外擴張的大背景。為了搶佔海外市場，即便是知道 APEX 的不良記錄，長虹也沒有過深地追究，更沒有採用使用信用證、投保出口信用險或在合約中嚴格指明欠款責任等方式來保護自己，而是輕易地與 APEX 達成了協定，並且一再容忍它長期拖欠貨款。這種以犧牲貨款安全來換取出口量和交易額的方式，使得長虹承擔了巨大的風險。

2.信用風險預警機制及相關內控措施缺乏

如果說剛開始長虹看走了眼，選錯了經銷商，是可以原諒的，那麼在日後的交易和收款過程中，長虹對應收賬款管理的忽視就難以自圓其說了。40 億元不是零星幾次交易就能欠下的，一車車的彩電運出去卻拿不到等同價值的貨款。長虹一方面提出對賬的要求，另一方面卻繼續發貨，APEX 方面總是故意搪塞或少量付款，對賬都對了一年還沒有結果，欠款在逐年繼續增加。

種種明顯的風險信號，沒有得到長虹高層的足夠重視，一個很重要的原因就是長虹缺乏信用風險預警機制以及相關內部控制措施，沒有建立有效的賒銷額度限制，內部信用管理部門職能也是缺失的。

從一些統計數據我們可以看出，長虹對 APEX 的出口額佔了長虹所有出口額的絕大部份：2002 年，長虹的出口額達 7.6 億美元，其中 APEX 就佔了近 7 億美元；2003 年長虹出口額達 8 億美元左右，APEX 佔 6 億美元。而從 2000 年長虹開始出口到現在，其總的出口額也就 24 億多美元。即便是這樣重要的項目，長虹在美國也沒有一個明確的監管機構。長虹在美國設立了一個聯絡點，但這個聯絡點不負責 APEX 項目的監管，只負責接待。

3.公司治理結構與決策機制不完善

追溯長虹應收賬款風險管理缺失的根源，是公司治理結構的不完善以及高層管理決策的失誤。國際貨物買賣操作過程較為複雜、專業性較強，許多高層的決策者並不一定具備這方面的專業知識，可能出現決策失誤。加上這些企業的治理結構不完善，存在三會制度形同虛設、重大決策一言堂等因素，缺乏對掌握實權的高層決策者的約束和制衡機制，增加了決策失誤的可能性。例如，2001 年年底，倪潤峰、王鳳朝相繼從美國考察回來後，就疾風暴雨般地與 APEX 合作，開展海外攻勢。此後，很多銷售經理級別的人員都指出了 APEX 的應收賬款存在不安全性。有一次，長虹海外行銷部發現這其中的風險太大，下令不准發貨，但神通廣大的季龍粉總能說服長虹繼續發貨，這與倪潤峰的大權獨攬是分不開的。更令人費解的是，即便是在 2003 年年報顯示出 APEX 欠下長虹高達 44 多億元，佔總應收賬款 80%以上的應收賬款，長虹催款未果，APEX 開具空頭支票的情況下，2004 年年初長虹竟然違背常規再次向 APEX 發出高達 3000 萬美元的貨物。試想，如果是在一個董事會、監事會都能發揮實質性作用的治理結構下，這樣離奇的事情如何能發生？所以，公司要切實提高內部控制環境，真正建立股東會、董事會、監事會以及經理層之間的權力牽制關係，讓董事會真正起到維護股東利益的作用，讓監事會真正履行監督職能，加強對內部控制制度制定和執行情況等的監督。

三、事件啟發

長虹公司的海外賬款事件只是「冰山一角」，很多企業在出口的時候都遇到過相似的情況。為此，建議出口貿易企業要建立應收賬款風險評估機制。

首先，要識別內外部的風險。從經濟背景、市場環境等多個角度分析海外銷售所面臨的信用風險，關注宏觀環境對外貿信用的影響，例如國際市場的變化、經濟氣候的好壞等。如果國外經銷商所處的商業環境正處於滑坡狀態，那麼它的經濟滑坡很可能造成未來難以還款的威脅。

其次，在識別出風險之後，積極採取措施規避或減少風險。例如向美國信用機構諮詢，透過專業的評級來選擇信用度較高的經銷商；公司自身建立專業的信用管理部門，保持其獨立性和權威性，不能是銷售部或財務部的內設部門。因為銷售部門希望做大業務量，往往盲目賒銷，忽視信用風險。財務部門也缺乏信用評估及決策的獨立性和權威性，這就使其難以對企業內部的業務部門進行全面的監控。

此外，建立信用風險預警機制，對於欠款額度過大、週期過長的企業要重點關注；定期對客戶進行跟蹤，監督其信用狀況；要透過購買保險和強化應收賬款的合約管理，這能有效防範和化解壞賬風險。

◎案例 9　強生「泰諾」案例

一、案例介紹

「泰諾」是美國強生公司生產的治療頭痛的止痛膠囊商標，是一種在美國銷路很廣的家庭用藥，每年銷售額達 4.5 億美元，佔強生公司總利潤的 15%。

1982 年 9 月 29 日淩晨，伊利諾州鹿林鎮 12 歲的小女孩瑪麗·克萊曼因感冒服用一粒泰諾速效膠囊後猝死。同一天，附近阿靈頓鎮 27 歲的郵遞員亞當· 詹諾斯也莫名死亡，醫生宣佈是死於心臟病。當天晚上，亞當悲痛的家人聚在一起，商量如何為他辦理後事。亞當 25 歲的弟弟斯坦利及其 19 歲的新婚妻子特麗莎因為難過，加上忙了一天，感到有些頭痛，斯坦利在亞當的櫥櫃上看見一瓶速效泰諾膠囊，就拿出一粒自己吃了，又給妻子吃了一粒。沒過幾分鐘，悲劇再次重演，斯坦利當天即告不治，而他的妻子兩天后也隨他而去。兩個小鎮一天死了 4 個人，這種駭人聽聞的事情一下子成了當地的社區新聞。人們議論紛紛，各自揣測事情的真相。消防員菲力浦和朋友理查· 肯沃斯閒談時，偶然提到小瑪麗死前吃過速效泰諾膠囊，於是理查開玩笑地說：「也許她是吃泰諾吃死的吧？」一語驚醒夢中人，菲力浦認為不是沒有這個可能，他立即打電話給仍在亞當家忙活的急救人員，詢問亞當死前有沒有吃過泰諾。結果當然令他大吃一驚：4 名死者死前全都吃過這種當時頗為普遍的鎮痛藥。菲力浦報了警，警方則馬上趕到亞當家，取走了那個可疑的藥瓶。第二天，菲力浦和理查的預感被證實了：毒物專家邁克爾· 夏弗爾檢查了瓶中的膠囊，發現內含大約 65 毫克的氰化物，足以置 10000 個成人於死地，而受害者血樣檢驗結果也證實了這一消息。

泰諾的製造商、強生子公司邁克耐爾消費品生產公司很快知道了這個不幸的消息，並馬上做出反應，自 1982 年 10 月起大規模回收這種泰諾膠囊，但是這些努力還是沒有來得及挽回另外 3 個服用泰諾膠囊的受害者的生命。

短短 2 天，泰諾膠囊就殺死了 7 條人命。隨著新聞媒介的傳播，傳說在美國各地有 25 人因氰中毒死亡或致病。後來，這一數字增至 2000 人。這些消息的傳播引起約 1 億服用泰諾膠囊的消費者的極大恐慌，一時間輿論譁然，醫院、藥店紛紛把它掃地出門。民意測驗表明，94%的服藥者表示今後不再服用此藥，強生公司面臨一場生死存亡的巨大危機。

面對這一嚴峻局勢，強生公司採取了以下決策。

1. 立即成立危機處理小組

強生公司成立了以公司董事長伯克為首的 7 人委員會，成員中有一名負責公關的副總經理。危機初期，委員會每天開兩次會，對處理「泰諾」事件進行討論決策。

2. 堅守信用，限期召回全部產品

經過調查，雖然只有極少量藥(75 粒膠囊)受到污染，但公司決策人毅然決定在全國範圍內立即收回全部「泰諾」止痛膠囊(在 5

天內完成)，同時，公司還花費 50 萬美元通知醫生、醫院、經銷商停止使用和銷售。強生公司做了 2500 多家媒體諮詢和 1～25000 份相關主題的報導，檢驗了大約 800 萬片藥片，共發現 75 片含氰化物——這些全部來自芝加哥的同一樣本。強生公司核對總和銷毀了 2200 萬瓶泰諾，其成本超過了 1 億美元(全部危機管理成本為 5 億美元)。這一決策表明強生公司堅守了自己的信用——「公眾和顧客的利益第一」，不惜做出重大犧牲以示對消費者健康的關切和高度責任感。這一決策立即受到輿論的廣泛讚揚，《華爾街日報》稱：「強生公司為了不使任何人再遇險，寧可自己承擔巨大的損失。」

3.積極配合政府相關部門的檢查

敞開公司大門，積極配合美國食品與藥品管理局的調查，在 5 天時間內對全國收回的膠囊進行抽檢，並向公眾公佈檢查結果。在事態穩定之後響應政府號召，率先採用藥品新包裝。「泰諾」事件發生後，美國政府和芝加哥地方當局發佈了新的藥品包裝規定。強生公司抓住這一良機，進行了重返市場的公關策劃，並為「泰諾」止痛藥設計了防污染的新式包裝，重將產品推向市場。

4.坦誠與新聞媒體溝通

強生公司與新聞媒介密切合作，以坦誠的態度對待新聞媒體，迅速地傳播各種真實消息，不論是否對自己有利。1982 年 11 月 11 日，強生公司舉行了大規模通過衛星轉播的記者招待會。會議由公司董事長伯克親自主持，他感謝新聞界公正地對待泰諾事件，介紹該公司率先實施「藥品安全包裝新規定」，推出泰諾止痛膠囊防污染新包裝，並現場播放了新包裝藥品生產過程錄影。這次招待會發佈的泰諾止痛膠囊重返市場的消息傳遍全國，美國各電視網、地方電視台、電台和報刊廣泛報導，轟動一時。在一年的時間內，泰諾止痛膠囊又佔據了大部份的市場，恢復了其事件前在市場上的領先地位，強生公司及其產品重新贏得了公眾的信任。

二、案例分析

危機處理是考驗組織文化的重要時刻，組織必須承擔起對社會公民的責任。同時，組織的危機管理恢復戰略也很重要。強生公司設計了不易污染的產品包裝，將膠囊包裝變成固體或頂上加蓋的包裝。通過尋找機會在此形勢下取得收益，強生能把安全設計和行動聯繫在一起，使強生成為公眾健康的保護者，提高了公司的良好形象，結果在價值 1 億美元的止痛片市場上擠走了它的競爭對手，僅用 5 個月的時間就奪回了原市場佔有率的 70%。

泰諾案例成功的關鍵是因為強生公司有一個「做最壞打算的危機管理方案」。該計劃的重點是首先考慮公眾和消費者利益，這一信條最終拯救了強生公司的信譽。強生處理這一危機的做法成功地向公眾傳達了組織的社會責任感，受到消費者的歡迎和認可。強生還因此獲得了美國公關協會頒發的銀鑽獎。原本一場「滅頂之災」竟然奇蹟般地為強生迎來了更高的聲譽，這歸功於強生在危機管理中高超的技巧。

第 5 章

危機管理的指揮三階段

重 點 解 析

危機指揮系統核心作用是實現緊急突發事件處理的全過程跟蹤和支持，使企業能夠在最短的時間內對突發性危機事件做出最快的反應，並提供最恰當的應對措施預案。

一、危機來臨時的準備期

1. 發現危機事件

通過各種徵兆和苗頭監測到危機。

2. 呈報危機事件

必須確保呈報系統的暢通。以任何理由瞞報、遲報，甚至不報的行為都是致命的。在危機發生的幾小時內可口可樂就可以聯絡到總裁，不管他正在進行高級談判，還是在加勒比海度假，這是可口可樂嚴密高效的組織協作的體現。

3. 啟動危機管理系統

在 24 小時內建立強有力的危機處理班子，24 小時內對危機發生和蔓延進行監控。

4. 通知所有員工危機的發生，統一認識

5. 確定緊急應變原則和方案

二、危機處理期

根據制定的方針、政策，有步驟地實施危機處理策略，對公眾、媒介、政府、投資者、債權人、合作夥伴進行危機公關。

1986 年 2 月 5 日 10：45～11：45，英國核燃料公司下屬的塞勒菲爾德核反應工廠發生嚴重的霧狀鈈洩漏事故。一時間人心惶惶。

隨後，由於該公司的危機指揮系統僵化，導致其危機應對混亂不堪，造成了惡劣的影響。在這次危機處理過程中，英國核燃料公司發生了以下錯誤：

1. 消息發佈不及時。當記者中午給工廠打電話時，工廠的新聞辦公室還沒有作好發佈事故消息的準備，記者得到的只是一個站不住腳的許願：我們將發表一個聲明。而這個聲明在下午 4：00 才公佈，這期間記者一直是提心吊膽地等待著。

2. 沒有足夠的新聞發言人員來應付外界蜂擁而至的詢問電

話，記者們不得不排隊等候。不確定因素滋長了人們的不安情緒。

3. 擠牙膏一樣一點一點地發佈消息，消息前後竟有矛盾的地方。這加劇了人們的恐慌，謠言四起。

4. 在這種情況下，新聞辦公室居然在正常的工作時間停止辦公。當探聽消息的人晚間給公司打去電話時，電話總機告之：請留下電話號碼，等新聞人員上班後再回電。迫使記者通過其他途徑瞭解事實，猜測性的報導滿天飛。

三、危機恢復期

採取各種傳播手段，消除危機造成的各種負面印象，恢復機構的正常運作，重新進行正常的經營活動，重獲公眾的信任，恢復並提升企業形象。

當危機過後，如何讓組織從緊急狀態回到常規狀態，也是一個挑戰。當危機出現的時候，很多組織內部的事務都是以處理危機為首要目標。這些臨時的做法和舉動跟正常運作時是不一樣的。危機時成立的機構與原來的機構是同時運作的，但漸漸前者的作用越來越小，原來的機構逐步發揮正常的作用。準備應對危機和危機後的恢復工作是同樣重要的。這就好比消防部隊救火一樣，有火災時所有的工作都是滅火，但滅火完畢後，還得專門有人負責撤離等後續工作。

案例詳解

◎案例 10　百事可樂針頭事件

一、案例介紹

1993 年夏天，為了爭奪軟飲料市場，百事可樂開展了一場名為「年輕活力，請喝百事」的行銷策劃活動。這項活動的中心是當消費者喝完百事可樂之後，可以在罐底內部看到一行字，告之是否中獎。

1993 年 6 月 10 日，華盛頓州 Fircrest 地區的一對夫婦指控說他們在購買的一瓶罐裝無糖百事可樂(DietPepsi)中發現了一隻注射器！並將有關的物證交給了自己的律師，並且上報當地衛生部門。電視台將這一事件公佈的第二天，鄰近 Tacoma 地區的一位婦女也報告說她在一瓶無糖百事可樂罐中發現了一隻皮下注射器的針頭！很快，這兩起百事可樂事件經由美聯社開始在全美範圍內廣泛報導，引起極大震動。

6 月 13 日，食品與藥品管理局(TDA)局長 David Kessler 警告華盛頓、俄勒岡、阿拉斯加、夏威夷以及關島地區的消費者要「仔細檢查無糖百事可樂罐是否有破壞痕跡，並將飲料倒入杯子後再飲用」。

到 6 月 14 日星期一，全美國已經有 8 位消費者報告說在他們的百事可樂罐中發現了注射針頭。星期一中午，美國有線電視新聞網(CNN)報導了一位新奧爾良的居民在他的百事可樂罐內發現注射針頭的故事。當天晚上，百事可樂針頭事件開始在美國各大電視台的黃金時段播出，成為當天的重要新聞。

6 月 14 日，從路易斯安那到紐約，從密蘇裏到俄亥俄州，從費城到南加利福尼亞，全美很多地方都出現了同類百事可樂飲料污染情況的報導。

到了 6 月 15 日星期二，全美國又有 10 多個人聲稱在百事可樂的罐裏發現了各種物品，這些物品包括縫紉針、紀念章、螺釘、子彈，甚至一個破碎的裝可卡因毒品的小瓶。

雪上加霜的是，百事可樂還陷入了一場從未經歷過的媒體風暴：

一個陷入驚恐的公司正在為自己的名譽而戰。——《紐約郵報》

食品與藥品管理局告誡無糖百事飲料消費者。——美聯社

無糖百事飲料消費者被警告小心垃圾食品。——《今日美國》

無糖百事沒有任何召回計劃。——《紐約時報》

一時間，百事飲料污染事件佔據了所有全國性媒體，並連續三天成為晚間新聞和網路早間節目的頭條。全國各地的地方新聞則將它們的鏡頭對準當地的百事罐裝廠。

⑴成立危機處理小組

6 月 14 日上午，百事可樂公司危機處理小組正式運轉，小組成員有百事可樂的總裁、主管公共關係的副總裁、公司法律顧問以及其他公司高級主管。危機小組成員開始收集有關針頭事件各方面的報導，並決定以傳媒的方式來處理這場危機，為此，公司總裁和 6 人公關小組一天 20 小時要回答處理近百個質詢請求。

⑵注重溝通，正面面對媒體

百事可樂主管公共關係的副總裁說：「當你被媒體審判的時候，你必須同樣使用媒體作為武器。」

危機處理小組在公司的電視演播室裏設立了危機處理總部。

6 月 14 日晚上，百事可樂的總裁同美國食品與藥品管理局局長通了電話，兩人一致同意百事可樂沒有必要把它的飲料從市場上「召回」。百事可樂總裁解釋說，這次事件和強生製藥泰諾事件有著本質的不同，泰諾事件導致 5 人死亡，而百事可樂針頭事件卻沒有任何人受到傷害，並且即使不進行產品召回，依然不會有人因此而受到傷害。

6 月 14 日，百事可樂公司對罐裝廠商和總經理發佈了一份「消費者諮詢內部說明書」，介紹了對之前幾起指控事件的初步調查結果：

第一，發現的注射器是糖尿病注射胰島素專用，我們的生產工廠從來沒有這些東西。

第二，所有百事可樂罐都採用了新包裝，從來沒有重複利用或重新加罐。生產過程中有兩道外觀檢查程序：第一道是在加注飲料之前，第二道是瓶罐在加注生產線過程中，然後這些瓶罐才會被封蓋。

⑶運用多種手段證明產品品質的可靠

百事可樂的危機處理小組必須讓人們相信百事可樂的生產線是安全的，是無法被人為破壞的。百事可樂的危機處理小組決定通過各種圖像的方式來說服大眾。

①媒介策略

百事可樂的媒介策略集中於電視傳播上。百事可樂認為傳統平面媒體的作用有限，於是公司傳播主管決定舉辦一個巨大的新聞發佈會，通過衛星畫面向全美電子媒體提供信息以表明百事可樂在這一污染事件中的立場。

a. 第一篇視頻新聞稿(VNR)介紹的畫面是公司正在運作的高速罐裝生產線，由一位工廠經理做畫外音解說，突出介紹生產過程高速、安全、流暢的特點，發生產品污染的可能性微乎其微。該新聞稿的目的就是要說明罐裝過程是安全的。這篇 VNR 在全美 178 個地區的 399 家電視台播放，收看人數高達 1.87 億(高於同年超級杯比賽的收看人數)。

b. 第二篇 VNR 拍攝的是公司總裁 Weatherup 以及另外一組生產鏡頭，以介紹謊報百事可樂飲料污染的第一次拘捕行動為要點來加以證明：

· 不同城市間對無糖百事可樂罐中發現注射器的指控相互沒有任何關聯；
· 污染行為有在飲料罐被打開後發生的可能；
· 軟飲罐是食品類產品中最安全的包裝形式之一；
· 沒有召回產品的必要。

這盒錄影帶在 136 個地區的 238 家電視台播放，觀看人數為 31000 萬人。

c. 第三篇 VNR 以總裁 Weatherup 口述的形式，播放了一家便利店的監視攝像頭拍下來的一名婦女正往一瓶打開了的無糖百事可樂罐中塞注射器的畫面。Weatherup 在 VNR 中對消費者的支持表示感謝，又宣佈了幾宗新的謊報拘捕行動，並再次明確表明百事可樂公司沒有召回產品的決定。這家便利店的監視畫面在 159 個地區的 325 家電視台播出，有 9500 萬人觀看，真正扭轉了百事可樂公司的「驚恐」形象。

②與政府聯手出擊

與其他消費品廠商對監管機構持對立態度不同，百事可樂公司對食品與藥品管理局的調查全面合作。6 月 15 日的晚上，百事可樂總裁和美國食品與藥品管理局局長共同出現在黃金時段的新聞評論節目中，他們宣佈一名男子因為對百事可樂做出不實的指控而被逮捕，並且強調如果虛假指控產品有問題，最高的懲罰可被判 5 年徒刑，並處以 25 萬美元罰款；同時，百事可樂的總裁向電視觀眾保證將盡全力調查針頭一事，給消費者一個交代。電視節目裏，百事可樂的總裁透露，根據罐頭的編號，那些據稱有問題的飲料有的是在幾天前出廠的，有的卻是在半年前就已經出廠了，而所有這些時間上相差那麼長的飲料，卻在一個星期內都出問題，而且都稱是罐內有注射針頭，在統計學上發生這類事情的概率是很小的。百事可樂提出了有人為了獲利而進行模仿欺騙的說法。

食品與藥品管理局除了對西北太平洋地區的消費者發出警告之外，Kessler 局長也表示，這起污染事件存在惡意破壞的可能。後來，Kessler 先生還與總裁 Weatherup 一道亮相 Nightline 節目並宣佈「市場已經恢復平靜……產品沒有召回的必要」。

6 月 17 日，Kessler 局長在華盛頓特區舉行新聞發佈會，明確將這起事件定性為「騙局」，是「具有誤導作用的個人行為，媒體為吸引注意力誇大報導並引發大量惡意模仿行為」的結果。

6 月 21 日，百事可樂公司總裁 Weatherup 致信總統克林頓，感謝 Kessler 局長的「出色工作」以及食品與藥品管理局「在揭穿這場污染產品騙局中的出色表現」。

③信息公開制度

在僱員關係上，包括對公司內部職員和罐裝廠商，百事可樂公司都採取了一種開放的信息披露政策，即在第一時間向大家全面披露事件的最新進展。公司的消費者顧問每天至少一次、危機時期則是每天 2～3 次趕赴公司 400 家罐裝現場，向廠商和總經理介紹組織的最新舉措以及公司的回應情況。儘管有評論家不斷催促百事可樂公司召回所有產品，公司仍然堅持他們的灌裝技術絕對安全可靠。公司向消費者保證:「我們有 99%的把握，確信任何人都不可能打開飲料罐，然後再完好無損地重新封裝好。」此外，因為「那兩起事件並沒有對當事人和大眾的健康造成任何損害」，公司便請它的罐裝廠商和總經理不要將飲料從商店貨架上撤掉。此外，顧問們還向工廠經理就如何根據《產品污染處理指南》與自己的僱員和消費者溝通等問題提供建議。

危機發生期間，公司總裁 Weatherup 也定期以個人名義致信給罐裝廠商和總經理，確保他們掌握事件最新動態。當獲得便利店的監視錄影帶後，Weatherup 先生連夜將該錄影帶和 Kessler 局長在新聞發佈會的視頻錄影寄給所有百事罐裝廠商，並建議他們「將這些信息和消費者共用」。

6 月 18 日，百事可樂的聲譽和產品遭受嚴重挑戰的一個星期後，百事可樂公司借助一則全國性的廣告宣佈自己的勝利:「美國人知道，那些關於百事可樂的故事都是編造的。平實而簡單的故事，但是都不是真的。」

(4)結果

在 FDA/OCI 逮捕了 55 位與這起事件相關的犯罪嫌疑人之後，百事可樂公司不僅毫髮無傷地走過了媒體風暴，維護了自己的聲譽，公司的銷售額更令人驚喜。根據總裁 Weatherup 的報告，雖然在危機最高峰時公司銷售額下降了 3%，損失約 3000 萬美元，但 7 月和 8 月百事可樂的銷售額提高了 7%，創造了 5 年來的最佳銷售紀錄。

百事可樂針頭危機事件結束後，有關的調查顯示：94%的消費者認為百事可樂公司對於危機處理得當，3/4 的消費者認為百事可樂解決問題的方式得當，他們對百事可樂飲料更有信心，並且更願意購買它的產品。百事可樂公司也被廣泛評價為一個堅守產品召回底線、維護自身聲譽和誠信的先驅典範。

二、案例分析

百事可樂針頭危機事件是任何一個組織都有可能遇到的，組織處理這樣的危機的時候應根據危機的具體情況，找出處理危機的突破口。

百事可樂公司之所以能夠比較迅速平穩過渡危機事件，其成功之處主要在以下幾方面：

1. 迅速成立危機小組，全面展開危機自救工作。

2. 組織的最高管理層高度重視，全程指揮和投入到危機處理過程中。

3. 準確識別危機的性質，並抓住解決危機的突破口，選擇正確應對危機的手段(電視)。

4. 積極尋求政府有關部門的支持，和美國食品與藥品管理局合作並且採納其建議。

5. 堅持信息披露制度，坦誠面對公眾與媒體，完全迅速地展示事實真相。包括堅持產品品質的可靠和展示拍攝到的有人打開一罐百事可樂並將東西放進去的鏡頭。

6. 堅持溝通的原則，取得經銷商的大力支持。

◎案例 11　可口可樂中毒事件

一、案例介紹

1999 年 6 月 9 日，比利時有 120 人在飲用可口可樂之後發生中毒，嘔吐、頭昏眼花及頭痛，法國也有 80 人出現同樣症狀。已經擁有 113 年歷史的可口可樂公司遭遇了歷史上罕見的重大危機。在現代傳媒十分發達的今天，企業發生的危機可以在很短的時間內迅速而廣泛地傳播，其負面作用可想而知。

可口可樂公司立即著手調查中毒原因、中毒人數，同時部份收回某些品牌的可口可樂產品，包括可口可樂、芬達和雪碧。一週後，中毒原因基本查清，比利時的中毒事件是在安特衛普的工廠發現包裝瓶內有二氧化碳，法國的中毒事件是因為敦克爾克工廠的殺真菌劑灑在了儲藏室的木託盤上而造成的污染。從一開始，這一事件就由美國亞特蘭大的公司總部來負責對外溝通。近一個星期，亞特蘭大公司總部得到的消息都是因為氣味不好而引起的嘔吐及其他不良反應，公司認為，這對公眾健康沒有任何危險，因而沒有啟動危機管理方案，只是在公司網站上粘貼了一份相關報導。報導中充斥著沒人看得懂的專業辭彙，也沒有任何一個公司高層管理人員出面表示對此事及中毒者的關切，此舉觸怒了公眾，結果，消費者認為可口可樂公司沒有人情味。消費者很快就不再購買可口可樂軟飲料，而且比利時和法國政府還堅持要求可口可樂公司收回所有產品。公司這才意識到問題的嚴重性，事發之後 10 天，可口可樂公司董事會主席和首席執行官道格拉斯· 伊維斯特從美國趕到比利時首都布魯塞爾舉行記者招待會，並隨後展開了強大的宣傳攻勢。

然而遺憾的是，可口可樂公司只同意收回部份產品，拒絕收回全部產品。最大的失誤是，沒有使比利時和法國的分公司管理層充分參與該事件的溝通並且及時做出反應。公司總部的負責人根本不知道就在事發前幾天，比利時發生了在肉類、蛋類及其他日常生活產品中發現了致癌物質的事件，比利時政府因此受到公眾批評，正在誠惶誠恐地急於向全體選民表明政府對食品安全問題非常重視，可口可樂事件正好撞在槍口上，迫使其收回全部產品正是政府表現的好機會。而在法國，政府同樣急於表明對食品安全問題的關心，並緊跟比利時政府採取了相應措施。在這起事件中，政府扮演了白臉，而可口可樂公司無疑是黑臉。

可口可樂公司因為這一錯誤措施，使企業形象和品牌信譽受到打擊，其無形資產遭貶值，企業的生存和發展一度受到衝擊。1999 年年底，公司宣佈利潤減少 31%，可口可樂公司總損失達到 1.3 億美元，全球共裁員 5200 人。危機後可口可樂公司的主要宣傳活動的目的都是要「重振公司聲譽」。真是難以置信，世界上最有價值的品牌在危機發生後沒有能成功地保護其最有價值的資產——品牌，正是所謂的「總公司更知道」綜合征使可口可樂公司採取了完全不恰當的反應。因為一個龐大的國際公司就像章魚一樣，所有的運作都分佈在各地的「觸角」頂端，要使這樣一個龐大而錯綜複雜的機制發揮效力，章魚的中心必須訓練並使觸角頂端的管理層有效發揮作用，採取適當措施，做出正確的應對，因為他們最瞭解當地的情況。隨著可口可樂公司公關宣傳的深入和擴展，可口可樂的形象開始逐步地恢復。比利時的一家報紙評價說，可口可樂雖然為此付出了代價，卻終於贏得了消費者的信任。

二、案例分析

這是一個危機管理中不完全成功的案例，不成功之處主要在於事件沒有引起高層的足夠重視。企業高層全面參與危機管理的全過程是必要的，這種參與可以分成兩個方面：一是面上的，即是否由高層直接對外溝通，例如，由高層接受媒體採訪或接受用戶詢問等；二是實際運作上的，即是否由高層直接進行決策和指揮。

高層直接參與面上的工作可以向公眾傳達事件已經受到重視的信息，高層如果始終躲到後台往往會引起公眾不滿。在上述可口可樂事件中，公司只是在網站上粘貼了一份相關報導，沒有任何一個高層管理人員出面對此事件及中毒者表示關切，因而觸怒了公眾，可口可樂公司被認為沒有人情味，貽誤了在最合適的時間處理危機的機會。

首先，由中下層出面可以當做緩兵之計。但危機出現後是應當以分秒作為計時單位的，必須儘快拿出解決問題的方案和策略，不能拖延。什麼時候由什麼人出面是一個重要的策略問題，不能夠太隨意。

其次是實際參與問題。當發生危機或可能發生危機時，企業高層必須全面參與和直接指揮事件的處理過程。如果領導正好在外地，應當迅速趕回來處理危機事件。在發生危機時，高層不在現場可以認為是瀆職的行為。高層應當聽取有關人員的彙報，並且對事件做出客觀的調查分析，儘快拿出解決問題的策略。一個比較好的做法是，成立常設的危機處理小組，企業高層應該是這個小組的當然成員和領導。小組不能虛設，必須定期進行演練和模仿，以防不測。

危機事件過去後，也要由高層親自參與對事件的總結，吸取教訓，避免類似的事件發生。企業高層利用人們對這個事件的關注，保持適當的「上鏡率」，告訴公眾事件的後續處理情況，並借機宣傳企業，恢復企業的公眾形象。善於利用事件引起的公眾注意力進行形象公關，是保證劫後重生和轉變危機為良機的關鍵。

心得欄 ------------------------------------

第 6 章

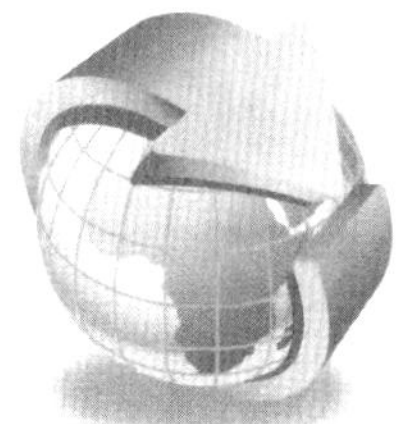

有效的危機處理步驟

重點解析

危機處理指的是在危機爆發後，為減少危機的危害，按照危機處理計劃和應對決策對危機採取直接的處理措施。危機對企業造成危害的大小，以及企業能否轉危為安，都取決於危機處理的有效程度。

危機處理一般可以分為隔離危機、處理危機、消除危機後果、維護組織形象和危機總結等幾項內容。其過程如圖所示。

圖 6-1　危機處理過程及其與危機階段的關係圖

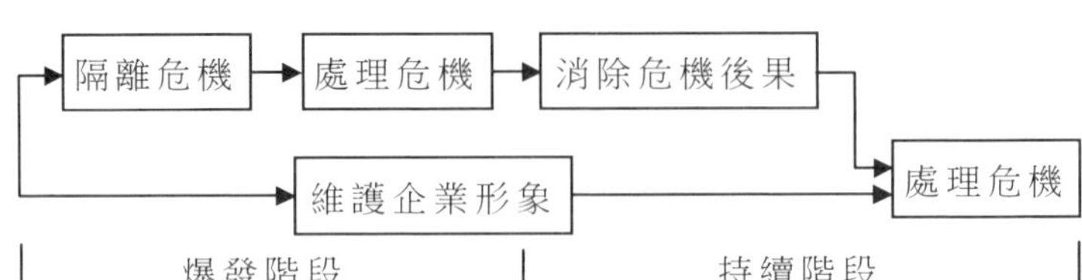

一、隔離危機

在傳染病中，為防止病情蔓延，首先要對病人採取隔離措施，對於危機處理來說同樣如此。企業危機往往首先在某個局部地區發生，但企業是個整體，各部份之間聯繫緊密。在這種情況下，第一步所做的就是要隔離危機，以免造成更大損失。隔離危機就是切斷危機蔓延到企業其他地區的各種可能途徑。

1. 人工隔離

即在人力上進行明確的分工，一部份處理危機，另一部份照常維持日常工作。危機處理計劃首先應對組織的領導者進行分工，規定如果危機發生，領導人中何人專司危機管理，何人負責日常工作；其次在一般人員中，那些人參加危機處理，那些人堅守原工作崗位也要明確規定。如果狀態緊急，根據危機實際情況再作進一步的調整，不能因危機發生造成日常管理無人負責，日常工作陷於停頓而使企業造成更大的損失。

著名的「好萊塢門」事件從反面證明了人員隔離的必要性。當時哥倫比亞製片公司董事會主席赫思奇弗爾德是電影行業中的佼佼者，他手下有個得力助手叫貝傑爾曼，擔任哥倫比亞電影製片廠廠長。貝傑爾曼在付給演員羅伯特遜的一張支票的過程中仿造了羅的簽名，利用它貪污了 1 萬美元，而羅卻成為受害者，這就是「好萊塢門」事件。

事件爆發以後，主席赫思奇弗爾德面臨兩種選擇：

⑴他可以把危機處理任務委託給他人，而使自己抽出身來管理公司事務；

⑵他也可以把公司事務暫時委託他人，自己著重處理危機。

赫思奇弗爾德想兩頭都想抓。結果危機支配了他的大部份精力與時間，使他對公司事務的管理不時被打斷，而公司股票價格又下跌，最終落得個為「可口可樂公司」收買的結局。這個事件足夠讓我們吸取必要的教訓。

2. 事故隔離

即對危機本身的隔離。對危機的隔離應從發出警報時開始。報警信號應明確危機的範圍，以便使其他部份的正常工作秩序不被影響，同時，也為處理危機創造有利條件。

在美國三里島危機中，事故發生後幾分鐘，幾乎有一百處拉響了警報，使得危機處理人員無法確知事故發生在何處，該到何處集中。因此，報警信號必須明確無誤，這是危機隔離的至關重要的一步。例如，在列車行車事故中，除了搶救傷患以外，首要關鍵的就是開通線路，線路一分鐘不通，危機危害就不停地擴大，所引起的連鎖反應也會持續不斷地漫延。只要線路開通，就意味著危機已被隔離，全局得到控制。

二、找出主要危機

在識別和找出主要危機的基礎上，危機處理就可以做到集中力量，有的放矢。主要危機得到控制，其他問題自然迎刃而解。

1946 年，三個北歐國家瑞典、挪威和丹麥將各自的航空公司合併，成立了斯堪的納維亞民航聯營公司。1979 年第二次石油危機以後，燃料成本在一年內翻了一番，客運量的增長勢頭卻停止了。在劇烈的「價格戰」面前，北歐航聯的收入從 1979 年到 1981 年逐年減少，每年盈利 1700 萬美元變成虧損 1700 萬美元。這時，瑞典著名管理專家卡爾森入主北歐航聯，他經過分析，認為主要危機在於公司客源不暢，應當採取有力措施招徠旅客，特別是商業旅客。

以往的狀況是商業旅客由於商務纏身，行蹤難定，所以不可能及早訂座，因此享受不到旅遊者的優惠價格。他們實打實地按價付錢，但上了飛機後，受到的招待卻差強人意。例如商業旅客在斯德哥爾摩用 400 美元買張去巴黎的客票，到頭來卻得到緊夾在兩個旅遊者中間的座位，而後者只花了 200 美元，這在很大程度上影響了商業旅客客源。卡爾森對症下藥地說，北歐航聯應改弦易張，把自己辦成一家獨具特色的「商業旅客航空公司」。

卡爾森就此展開行動，增設歐洲商業旅客專艙，取名為「歐洲艙」。所謂歐洲艙不過是取消頭等艙，把商業旅客安置在機艙前部，用一道屏風將他們和旅遊艙隔開。在「歐洲艙」裏，旅客們有更大的空間舒肢展腿，可享用到免費飲料和特種餐。在機場裏，他們還能在專用櫃檯迅速辦理登機手續，還可以在裝有電話、用戶電報等設施的候機室裏進行工作。

卡爾森增設「歐洲艙」這一招，事實證明是成功的。統計表明，1982 年，乘坐「歐洲艙」的旅客人數上升了 8%。此後，北歐航聯又在橫越大西洋的班機上，也增設商業旅客專艙，使這類遠端航線的虧損也得到遏制。結果，當年民航客運業務的收入提高了 25%，徹底消除了虧損。

三、果斷行動

危機爆發後，會迅速擴張。處理危機應該採取果斷措施，力求在危機損害擴大前控制住危機。

美國 1959 年的克蘭梅事件，就是一個危機控制得當極為成功的例子。

克蘭梅是一種深紅色的酸性果實，是美國人感恩節餐桌上必不可少的一道佳品。1959 年感恩節前的 11 月 9 日，美國衛生教育福利部部長弗萊明突然宣佈，當年的克蘭梅作物由於除草劑污染，經過試驗證明已含有致癌物質。他又說，雖然沒有確切證據表明這種果實會在人們身上確實產生癌，但他奉勸公眾謹慎從事。

弗萊明的講話正值食品商店裏克蘭梅旺銷之時，其影響是可以想像的。為換回頹勢，製造克蘭梅果汁和果醬的海洋浪花公司立即發起了一場反擊。

他們首先成立了七人小組，向新聞界作出說明，並在第二天(11 月 10 日)舉行記者招待會，還在全國廣播公司「今日新聞」電視節目中，安排了一個專訪，繼而又在紐約籌辦了一個食品雜貨製造商會議，讓副總裁史蒂文斯在會上澄清此事，接著，他們又打電話給弗萊明，要求他對這無法估計的損失負責任，並敦促其採取必要的措施。11 月 11 日星期三，致電總統艾森豪，請求他把所有克蘭梅種植地區劃為災難區；同時另發一電報給弗萊明，通知他公司已提出控告，要求賠償損失一億美元。在此期間，他們還不停安排記者訪問，指責弗萊明的不公平、不適當的地方，他們還特別邀請了當時打算競選總統的尼克森和甘迺迪上電視，前者吃了 4 份克蘭梅，後者喝了一杯克蘭梅汁。從 11 月 13 日起，有關人員就在衛生教育福利部與公司之間調停，尋找解決危機的方法。9 天后，當法庭開庭時，雙方達成一份協定，對這批克蘭梅作物是否對人體有害進行化學試驗。當這份協議向公眾宣佈時，克蘭梅又在感恩節前夕回到食品架上。這一年雖然銷售量低於去年，但公司的努力使危機沒有擴大，也使企業最終化險為夷。

四、排除危機，堅持不懈

企業採取的危機處理措施往往不一定能在短期內奏效。面對這種局面，企業領導人是否沉著鎮定，能否努力不懈，這一點顯得尤其重要，有時局勢的轉換就來自於恒久不已的堅持。

豐田喜一郎於 1933 年創辦了豐田汽車公司，後曾一度陷入經營困境。二戰後豐田重建時，豐田已是債台高築。據統計到 1950 年，註冊資本僅 21000 萬日元的豐田汽車公司，負債卻高達 10 億日元。無奈之下，豐田喜一郎引咎辭職，由原豐田自動紡織機械公司副總經理石田退三繼任豐田社長。

石田上任後，為解決公司的財政危機，幾乎天天出門，與公司財務部長花井正八到各家銀行尋求貸款，但是處處碰壁。然而他們毫不氣餒，繼續奔走於各家銀行之間。最後他們在日本銀行(中央銀行)名古屋分行行長高梨壯夫那裏找到了希望。高梨聽取石田的陳述之後，認為汽車工業前景光明，而石田、花井提出的策略也頗為可行，於是破例答應資助豐田公司。這筆貸款挽救了豐田公司，使豐田起死回生。緊接著，朝鮮戰爭爆發，美國軍事的特殊需求刺激了日本經濟，也給豐田汽車帶來無限商機。美軍向豐田公司購買了上千輛軍用汽車，豐田就此走上復蘇之路。

五、全力維護企業形象

危機的發生會給企業形象帶來十分不利的影響。在有些危機中，這種不利影響甚至會上升為危機對企業造成的最主要的危害。因此在危機處理中，維護企業形象在危機處理中也是必不可少的。

在危機處理中，公共關係部門應擔負起這方面的責任。維護企業形象具體可以從以下三方面著手：

1. 把公眾利益放在首位

企業的良好形象離不開公眾的支援，所以要維護企業形象，首先要拿出實際行動維護公眾利益。當危機發生後，企業應把公眾利益放在第一位，而不能一味顧及自身付出的經濟價值。

如果是產品不合格引起的惡劣事故，應立即收回不合格產品，並立即組織隊伍，對不合格產品逐個檢驗，同時通知銷售部門立即停止出售這類產品，然後，詳細追查原因，作出改進。

1982 年，美國芝加哥有幾人因服用了一種叫做泰洛納(Tylenol)止痛鎮靜藥而死亡。人們紛紛傳言藥物受到了氰化物的污染。面對企業將遭受致命打擊的緊要關頭，生產廠家約翰遜公司立即採取了一系列措施以表明公司保護公眾利益。如在事發後一小時內對該批藥物進行了化驗，並通知 15 萬個用戶收回這批藥，在報刊上公開道歉，還派專家到芝加哥建立一個實驗室以檢驗這批藥物在該地區受到污染的程度。後來終於查明，這是一個搗亂者蓄意造出的惡劣事故，公司的信譽很快得以恢復。

2.善待被害者

對危機的被害者，企業經營者應誠懇而謹慎地向他們表明歉意。同時，必須週到地做好傷亡者的救治與善後處理工作。尤其重要的是，應冷靜傾聽被害者的意見，耐心聽取被害者關於賠償損失的要求以確定如何賠償。有時被害者有一定的責任，但不應過多地計較，以避免因為企業辯護而帶來的不利影響。

對待消費者，可通過適當向消費者頒發關於事故解釋的書面材料。

如火災、爆炸等事故給當地居民帶來了損失，企業應向當地居民登門致歉。必要時，應賠償經濟損失。

3.爭取新聞界的理解與合作

新聞媒介報導對企業形象有著重要而廣泛的影響，在危機處理過程中，企業要與新聞界真誠合作，盡可能避免對企業形象的不利報導。

事故如何向新聞界公佈，公佈時如何措詞，應事先在企業內部統一認識，反復斟酌。說明事故時應力求簡明扼要，避免使用技術術語。要選擇恰當的表達方式，如發言人要用肯定有力的音調講話，不能表現出遲疑吞吐；回答問題時可以以我為主，不必死扣問題；儘量避免用否定詞把自己想表達的內容和觀點巧妙摻入到對問題的回答中等等。為了避免報導有誤，重要材料應以書面形式發給記者。

企圖掩蓋事實只能引起記者的反感，所以應該認真回答記者提問，誠實地公佈事故的全部真象，也可以同時說明企業已取得的成績和為防止危機所做的努力，儘量引導公眾對危機和企業獲得全面的正確的印象。

如有的事項確實無法向記者發表，應說明理由。例如在發生火災之後，記者往往會詢問起火原因。對此，企業發言人可以做出請他們到消防部門去問，企業方面暫時無法作出說明的回答；火災後，新聞界人士常常會要求企業就火災造成的物質損失作出估算，企業發言人可以這樣告訴記者，企業當局已將火災通知了財產保險公司，將由他們派員來確定損失金額；對於有關人員傷亡的詢問，一般也應讓記者到消防部門、急救站和當地醫院去核實。這種回答既成熟又巧妙地維護了企業的形象，因此常常贏得新聞界的同情態度，從而避免了渲染誇張的消極報導。

一些需要特殊處理的危機，也要與新聞界進行良好的協作，申明有關理由。

案例詳解

◎案例 12　雪印公司改換包裝事件

一、案例介紹

2001 年 9 月，日本發現了亞洲首例瘋牛病，引起日本全國大震動。

日本國民崇尚自然健康食品，日本農水省也一向標榜管理制度嚴格、國產食品安全，並以此為由對他國農產品實施嚴格的進口衛生檢疫制度。瘋牛病發生後，日本農水省成為眾矢之的，輿論紛紛將矛頭指向農水省，指責農水省有關管理制度不健全，導致農戶大量使用誘發瘋牛病的進口肉骨粉。

事發後，由於有關應對處理措施不當，尚未查清發生瘋牛病的具體原因。一向被人喜歡的日本「和牛」牛肉頓失往日風光，不再是日本人餐桌上的珍品，銷售一落千丈。養牛戶、牛肉批發零售業和烤肉店立刻陷入慘澹經營的困境。

日本在野黨利用此事件直逼農水大臣武部勤下台，成為威脅小泉內閣穩定的一大武器。

為平息眾怒，日本農水省不得不讓曾主管畜牧生產的農水次官熊澤英昭退職。

為防止瘋牛病蔓延，日本農水省決定，對瘋牛病感染源和感染途徑進行調查，對全國現有的存欄牛進行普查並實施從出生到屠宰的全程電腦監控管理，撥款 200 億日元將出生兩年半以上、食用肉骨粉、有感染瘋牛病嫌疑的牛予以銷毀，並從國家財政預算中撥款收購國產牛肉。經過 4 個月的努力，瘋牛病引發的危機逐漸趨於平靜。

但就在此時雪印公司「偷換牛肉」事件被曝光，再次在日本全國掀起軒然大波。

2002 年 1 月 23 日，日本媒體披露，雪印乳業公司旗下的子公司雪印食品公司從 2001 年 10 月起，其關西肉食中心主管管原哲明帶領 9 名社員將存放在該中心冷庫的 13.8 噸澳大利亞產牛肉的外包裝紙箱更換為日本國產「和牛」包裝，以騙取國家對瘋牛病的補助金。據報導，日本進口澳大利亞產牛肉每公斤約為 400～700 日元，而日本為防止瘋牛病擴散，回收國產牛肉的價格為每公斤 1140 日元。透過更換包裝，雪印公司已經領取國家補助款 900 多萬日元。儘管管原哲明表明，這是他自作主張的個人行為，但大量事實證明，這是雪印公司總部負責經營部門授意的。消息一經披露，日本舉國為之震動。

雪印公司似乎並沒有從前兩次危機中接受教訓，反而在日本遭受史無前例的瘋牛病衝擊時想再發一筆「國難財」，為騙取國家補助金，不惜鋌而走險。

2002 年 2 月 22 日，陷入經營困境的雪印食品公司宣佈，經過臨時股東大會決定，雪印食品公司決定終止經營重組的努力，於 2002 年 4 月底前解散公司。

公司將在 3 月底前逐步縮小肉類、火腿和香腸的經營規模，並分期分批解僱 950 名職工。據初步統計，伴隨著雪印食品公司的解散，其負債金額將達到 240 億日元。雪印集團總部將撥款 250 億日元用於償還各類債務及應支付的營業款項。雪印食品公司的解散是日本首例因消費者抵制而關閉的公司。

事件發生後，因處理瘋牛病不當備受指責的日本農水大臣武部勤憤怒至極，表示要嚴肅處理，絕不姑息。日本農林水產省立即召喚雪印食品公司社長吉田升三，向其傳達了五點指示：一是對有關人員予以處分；二是弄清偽裝國產牛肉的事實真相；三是對牛肉、牛肉加工製品的生產及銷售進行自律；四是制定防止類似事件再度發生的公司行為準則；五是對瘋牛病進行普查前，由雪印食品公司保管的 226.2 噸牛肉不列為國家補助對象，其銷毀費用全部由雪印食品公司自行負擔。

身處經濟結構改革困境的小泉純一郎首相也表示，這是非法行為，這不僅損害了雪印的聲譽，也給日本國民帶來麻煩，並表示雪印公司的這種行為是有關經營者的道德問題，要求有關部門予以嚴肅處理。日本經團聯會長今井敬指責雪印食品公司的行為「根本就不是公司」。日本各地消費者對 2000 年的雪印「牛奶中毒」事件尚記憶猶新，得知消息後更是拒絕購買「雪印」品牌的食品。商家為保證顧客的食品安全和銷售額，紛紛將「雪印」商標的食品撤下櫃台，拒絕與雪印食品公司簽訂新的銷售合約。

北海道江別市、神戶市教委等宣佈拒絕用「雪印」牌食品為所屬中小學校學生配餐。北海道養牛戶和北海道農協發表聲明，對雪印食品公司的行為表示抗議。日本警方也介入了案情調查，大阪警署、神奈川警署及北海道警署組成了聯合調查組對所管地區的雪印公司生產加工廠進行了全面搜查，發現雪印食品公司不僅偽造國產牛肉，還將進口豬肉和雞肉偽裝成國產豬肉和雞肉上市，並將北海道產牛肉冒充熊本縣產「黑毛莉牛」高價出售。熊本縣農協為此向雪印食品公司提出 5 億日元的索賠。

在巨大的輿論壓力下，雪印食品公司社長吉田升三向全社會表示道歉並宣佈引咎辭職，股民紛紛拋售所持的雪印公司股票，公司股票的價格一落千丈。

此後，雪印食品公司試圖進行重組，將肉類食品加工與集團主業乳品加工分離，全面退出肉類加工業，將火腿、香腸、果醬等生產工廠出售，大幅度縮小經營規模，以實現企業再生。然而，肉類部門的營業額佔整個雪印食品營業額的 30%，由於消費者對雪印食品公司產品的抵制，「雪印」牌食品不斷從各地超市的櫃台上撤出，致使營業額跌落到事件發生前的 20%左右。因在社會上信譽喪盡，該公司已無法繼續經營，再生無望，雪印食品公司不得不吞下自己種下的苦果，被迫宣佈解散。

雪印食品公司的解散，遭受打擊最深的是在其旗下生產工廠工作的工人及長期為其提供鮮奶和牛肉的北海道養牛農戶。北海道是雪印食品公司的發祥地，雪印食品公司在札幌、旭川、釧路、函館等北海道主要城市擁有 8 個營業所，位於膽振地區早來町的道南雪印肉食中心及後志地區的日本肉食加工廠是雪印食品生產火腿及香腸的主要工廠。這些工廠已停產，僱用的 140 名臨時工已被全部解僱，100 名正式員工也面臨著失業的威脅。「支店型經濟」是日本北海道經濟的特點之一。大榮、崇光電氣、松下電器等日本著名連鎖店和企業紛紛關閉其在北海道的營業分支機搆，大批北海道員工已經失業。雪印食品公司的解散無疑使北海道的就業形勢更加嚴峻。此前，北海道因發現了日本第二例瘋牛病，該地區生產的牛肉遭到消費者的抵制，牛出欄量大大下降。雪印食品公司的造假行為不僅使北海道長期以來引以為豪的牛肉、乳類食品的聲譽再度受損，更加劇了消費者對北海道食品的不信任，嚴重打擊了養牛戶的積極性。此外，每年雪印食品公司透過北海道農業組合聯合會從北海道農戶手中收購 80 萬噸鮮牛奶用於乳製品加工，雪印食品公司的解散將使奶牛戶的生計陷入困境。

作為一個曾享有盛譽的老字號企業，為圖一時之利，竟不顧國家有關食品安全規定及消費者的利益，背棄企業對社會的基本道德責任，採取偷樑換柱的偽造行為騙取國家的補助金。這種行為不僅嚴重損害了消費者的利益，損害了長期為其提供支持和幫助的農戶和商家的利益，也斷送了企業自身的發展。

二、案例分析

雪印公司解散的消息一經公佈，市民無不認為雪印公司是咎由自取。在為雪印公司的解散歎息之餘，到底是什麼原因造成了公司付出如此沉重的代價？

作為一個曾享有盛譽的老字號企業，竟然為了眼前的蠅頭小利而拋棄了幾十年堅守的「誠信」商德，企圖大發「瘋牛病」之昧心財，結果卻為此而付出了慘痛的代價——公司解散。

承擔社會責任本來是企業分內的事，可是，雪印食品公司卻把其應該承擔的社會責任拋之腦後，為了本企業的利益，居然冒天下之大不韙，以進口牛肉冒充本國產牛肉來騙取國家的補償金。此舉雖然能得到一時的利益，但卻因此而導致企業最終破產，其代價是沉重的。

顯然，雪印公司的失敗是其忽視聲譽管理造成的。聲譽是指一個企業獲得社會公眾的信任程度和美譽度，以及企業在社會公眾中影響好壞的程度。聲譽管理是對企業聲譽的創建和維護，企業的聲譽管理不是某一個人的事，也不只是高層管理者或行銷工作人員的事，需要從企業的每一位員工做起，建立和維持與社會公眾的信任關係。

作為老店的雪印食品公司，以前的聲譽不可謂不佳，但是，隨著企業的成長，其聲譽管理卻沒有得到同步提高，隨著假冒事件的發生，更使其聲譽掃地。假冒事件一經曝光，商家為了保證顧客的食品安全和他們的銷售額，不再銷售雪印食品；消費者拒絕再購買雪印品牌的食品；雪印公司的股民也對公司的造假行為極為反感，紛紛拋售手中所持的雪印公司的股票。公司失去了聲譽，同時也就失去了前進的動力。

「火車跑得快，全靠車頭帶」。車頭所行駛的方向、速度、軌道等對後面的火車車廂起著決定性的作用。雪印食品公司的「車頭」帶領公司完全脫離了正常的軌道，結果才導致公司解散這一惡果的發生。

早在 2000 年 4 月，雪印乳業公司大阪工廠就因其生產的「雪印」牌低脂牛奶中含有葡萄球菌毒素，導致消費者中毒，造成了震驚日本全國的食品中毒案件。對成熟的知名企業而言，「同樣的錯誤是永遠不能犯第二次的」。

有句古話說：「前事不忘，後事之師。」雪印食品公司在經歷了食品中毒事件之後，其高層管理者本應該從中總結經驗，吸取教訓，狠抓產品品質，使之成為「後事之師」，避免類似事件的再次發生。可是，他們卻將這一事件完全拋在了腦後，所以才重蹈覆轍。

企業高層管理者除了要承擔必要的社會責任，還要引導企業在健康、高效的軌道上發展。企業的存在和發展是為了創造更好的經濟效益，這本是正常的事。但是，在經營過程中，企業高層管理人員應該從有利於企業發展的全局和長遠利益出發。對企業的發展有一個全面、清晰的認識，絕不能患上「近視病」，更不能頭疼醫頭、腳疼醫腳。

企業管理者的主要責任就是研究如何更好地避開危險，抓住機遇，或者化危險為機遇，謀求更好的發展。日本當時發現瘋牛病，這對雪印食品公司來說是一個嚴重的危險，因為它一定會影響到其肉製品的出口和銷售，從而使公司的經濟效益下滑。但是，管理者可以邀請新聞媒體參觀企業生產的全過程，並對此予以正面的報導，使消費者更加信賴雪印食品，從而把一個社會問題轉化為企業的發展機遇。

在企業處於重大危機的時刻，管理人員必須仔細考慮他所負責的企業的承受能力，以決定該企業能承擔的社會責任的限度。尤其重要的是，管理層必須知道企業為了彌補風險和承擔起未來的責任而需要的最低限度。一個企業為了「做好事」，首先就必須「做得好」。任何時候，如果一個企業忽略了在經濟上取得成就的限制並承擔了它在經濟上無力支援的社會責任，它很快就會陷入困境。就拿雪印公司來說，如果當時日本的瘋牛病到了無法控制的地步(當然，這只是理論上的假設)，那麼企業的管理層就應該考慮是否有必要繼續經營下去，或者可以暫時關閉一段時間，或者予以轉產，等問題緩解或解決之後再重整旗鼓，東山再起。

雪印食品公司最後解散公，可是，我們卻不能將此僅僅作為企業發展過程中的一個偶然事件來看待，我們應該從中悟出一些經營上的理念和方法，吸取教訓。

◎案例 13　杜邦「特富龍」事件的危機公關

一、案例介紹

2004 年 7 月 8 日，據當日《華爾街日報》報導，美國環境保護署對杜邦公司提起行政指控，稱其位於西佛吉尼亞州的一家工廠使用的一種名為全氟辛酸銨的化工品違反了有關潛在健康風險的聯邦報告要求。若指控成立，杜邦將被處以最高每日 27500 美元的罰金。

杜邦否認了環境保護署的指控，並表示將在 30 天內針對這一指控提出正式否認。杜邦稱其完全遵守聯邦報告要求，並懷疑在上述化工品與人體健康或環境的任何有害影響之間存在任何聯繫。

7 月 12 日，據媒體報導，大多數機構和消費者對這一事件尚不知情，使用杜邦特富龍塗層的炊具的銷售未受影響。

中國國家質檢總局有關人士表示，聽說了杜邦公司特富龍不粘鍋等產品可能含致癌物這件事情，具體情況是否屬實還有待進一步核實。

北京出入境檢驗檢疫局有關人士表示，檢驗檢疫局還沒有聽到這方面的消息，情況是否屬實還有待核實，不過他們會對這方面的產品加強監管。

7 月 13 日，《北京青年報》報導的「杜邦特富龍可能給人體健康帶來危害情況」的消息引起國家質檢總局的高度關注，並且已經組織有關專家進行論證。國家質檢總局的有關負責人說，一旦發現特富龍確實會對人體健康造成危害，國家有關部門將立即採取相關措施。

工商部門表示，如果確認特富龍產品對人體有害，相關生產廠家應實施主動召回制度。中消協指出，如果證明此事屬實，那麼杜邦公司以及國內的生產廠家、經營者都應該並且有義務向消費者明確說明。消費者有權向杜邦公司索賠。

特富龍危機開始蔓延，使用杜邦特富龍塗層的不粘鍋等炊具銷售應聲陷入寒流。

7 月 14 日，國家質檢總局當日晚八時正式就「特富龍」事件發表聲明，表示將迅速組織專家展開相關研究論證，同時加強與美方的信息交流。但具體檢驗結果要到 9 月份才可能得出。

國家質檢總局有關人士表示，國家質檢總局已經組織中國檢驗檢疫科學研究院研究出不粘鍋特氟隆塗層中全氟辛酸的測定方法(包括氣相色譜法和液相色譜法)，並將利用該方法對不同環境下(包括高溫條件下)全氟辛酸的含量及特性進行研究；同時將組織國內部份權威專家就全氟辛酸對人體健康的危害進行研討和論證。

國家質檢總局還將通過中國駐美商務處取得與美國環境保護署(EPA)聯繫，開展在全氟辛酸毒性風險分析方面有關的信息交流與合作。

7 月 15 日，杜邦開始開展危機公關。杜邦中國集團公司常務副總裁任亞芬當日做客新浪網，反覆強調特富龍安全無害。任亞芬表示，本來是美國環保署跟杜邦之間關於行政報告程序的爭議點，不是產品本身安全性的問題，卻演變成了跟家庭生活人身健康息息相關的一個炊具的爭議。

7 月 19 日，杜邦總裁賀利得接受《人民日報》記者採訪，回應中國消費者。賀利得再次強調環保署的指控並非針對杜邦產品的安全性，而是環保署與杜邦在行政報告的程序問題上存在爭議，並強調杜邦在產品品質和安全性能方面的良好聲譽。

7 月 20 日，杜邦中國集團有限公司會同三名總部的氟產品技術專家在北京召開新聞發佈會，稱「特富龍」不粘塗層中不含全氟辛酸銨，同時全氟辛酸銨對人體和環境也是無害的。

當天下午，杜邦還拜訪了國家品質監督檢驗檢疫總局，向質檢總局提交了有關技術資料，並回答了質檢總局的提問。公司中國總裁查布朗表示，杜邦公司將尊重質檢總局的結論。

杜邦此次的媒體危機公關，讓我們看到一個跨國企業應對危機公關的豐富智慧、良好素質、有序管理和果斷行動。

其危機管理，有序而到位，其危機公關行動，及時而主動，其態度，堅決而誠懇，其方法，有效而有力，充分整合新聞媒體資源，進行說服教育。

中國企業在這方面與跨國企業有著很大的差距，如何整合新聞媒體資源，為自己的企業發展、品牌打造服務(特別是在遇到突發事件時)，將是我們國內企業要學習的重要一課。

杜邦「特富龍」危機公關對企業界的啟示，至少應包括以下幾點：

1. 必須有危機公關的意識。逐漸形成危機公關管理體系，不斷摸索有效的危機公關方法。

2.「成也媒體，敗也媒體」。企業應具有新聞策劃的意識，危機公關一個最重要和有效的管道，就是針對新聞媒體的危機公關。

3. 新聞媒體的危機公關必須主動、積極。主動性是危機公關的總原則，「特富龍」事件發生後，杜邦迅速進行了從內到外、自上而下、各種形式的新聞公關，積極而主動。

4. 新聞媒體的危機公關必須統一、及時。危機具有危害性，甚至是災難性，如果不能及時而統一地對信息進行控制，將可能影響到企業的生死存亡，所謂「千里之堤，潰於蟻穴」。

5. 新聞媒體的危機公關必須誠懇、權威。「至誠能通天」，杜邦處理此次危機的態度極為誠懇，為示權威，杜邦不惜從美國總部請來專家與中國記者見面，杜邦總裁賀利得則接受了中國最權威媒體《人民日報》的獨家專訪，誠懇和權威最能說服消費者。

二、案例分析

杜邦此次成功的危機處理，讓我們看到了一個跨國企業應對危機的智慧、良好的素質、有序的管理和果斷的行動。其危機管理有序而到位；其危機公關行動及時而主動；其危機處理態度堅決而誠懇；其危機處理方法有效而有力。充分融合新聞媒體資源，在危機期間進行不間斷的說服教育。這給國內企業上了生動的一課，回顧事件始末，再看杜邦這次借檢測報告展開的攻勢，充分體現了「快」、「深」、「專」、「狠」的特點。

「快」，特富龍被檢測無毒的消息在中國質檢總局公佈後的第二天，各大中城市的主流媒體便紛紛報導，其中中央電視台經濟頻道有關特富龍的專題新聞片可謂是深水炸彈，瞬間引起各報紙媒體爭相追蹤報導，檢測結果是 10 月 13 日公佈的，14 日從報紙上就已經看到鋪天蓋地的有關特富龍無毒的報導了。

「深」，對媒體、消費者心態把握可謂「深」，為什麼杜邦對公佈結果的反應比被揭露有毒時的反應要快？從杜邦這次的行動可以看出，杜邦對中國老百姓的心理把握有所改善，開始深入。

「專」，利用央視經濟頻道做媒體公關「先頭部隊」。眾所週知，央視經濟頻道在國內經濟新聞方面具有權威性。在中國觀看此頻道的觀眾大都是那些接受教育程度較高，相應生活水準也較高，對他們的影響也就是影響了一大半杜邦的終端消費者。10 月 13 日，央視經濟頻道第一時間播出了特富龍檢測結果無毒的專題新聞，媒體權威消息瞬間傳了出去。

「狠」，發佈有關杜邦檢測無毒消息的媒體數量之多，公關力度夠「狠」。在 14 日全國的報紙上，據粗略統計，大約上百家報紙、電視、電台等新老媒體刊登了杜邦特富龍無毒的消息，還有一些知名新聞網站、專業網站都對檢測的結果進行了報導。

杜邦特富龍風波的平息，給國內企業一個忠告，這就是不要祈禱危機會遠離，一個公司必須懂得在別人把壞消息捅出來之前，就要讓公眾聽到自己的講述，而且必須讓公眾知道一切再也不會發生。

第7章

處理危機的溝通原則

重點解析

危機管理中的溝通是指以溝通為手段、以解決危機為目的所進行的一系列化解危機和避免危機的過程。有效的危機溝通可以降低危機的衝擊，甚至化危機為轉機。在危機發生的情況下，如果沒有適度的對內、對外的溝通，小危機有可能轉化為大危機，甚至導致企業的一蹶不振。所以，溝通在危機的處理中有著重要作用，不容忽視。

要做好危機溝通工作，必須解決以下問題：

①誰是企業的新聞發言人？

②誰負責與企業員工溝通？

③誰負責與新聞媒體溝通？相關電視、報紙、收音機節目如何

錄製？

④要通知那些相關的主管部門？由誰負責？

⑤各類相關的資訊怎樣篩選？具體負責人是誰？

⑥企業是否安排了公開電話？外界電話諮詢時如何回答，由誰負責回答？是否有外文翻譯？

⑦電子郵件在大型企業中，可以被用來當做快速溝通的工具。電腦中是否已裝載了相關人員的大容量的電子郵件信箱？

危機溝通的基本原則——5S 原則：承擔責任原則(Shoulder the Matter)、真誠溝通原則(Sincerity)、速度第一原則(Speed)、系統運行原則(System)、權威證實原則(Standard)。具體講，這些原則貫穿在危機溝通的各個不同階段。

一、危機發生前

1. 與公眾建立良好的溝通關係

任何企業，其關係都是多方面的。在一切正常的時候，我們也許感覺不到與各方面保持良好關係的重要。但「天有不測風雲」，許多事情是無法預料的，一旦出現危機，良好的關係就會在處理危機中發揮重要作用，所以，一個企業平時要主動與政府公眾、社區公眾及其他社會團體協調關係，以保障危機來臨時溝通工作的順利開展。

2. 確定危機聯繫網路

企業要有危機預警機制，特別是要準確地記錄下有關人員的單位位址、電話、傳真、電子郵件位址以及家庭住址等，以備危機時啟用。

二、危機處理中

企業應以公開、誠實守信，勇於承擔責任的形象展示給公眾。

1. 控制事態

企業必須控制住問題的進一步擴展。物質上的控制主要指防止某種造成不良影響的產品進一步擴散，例如某個問題影響了某種產品，應該立即指明這一點，停止其他用戶使用；控制精神損失時，可以利用諸如「這只對某某方面有影響」的話來告知公眾。

2. 開誠佈公

企業要做到坦率、忠實和直率，告訴人們事實真相，增加組織的透明度。而且要儘量避免一些具有保護性的法律用語，如「在調查沒有完成之前，我們不作任何評論」這類言論給人感覺過於冷淡，缺乏人情味，疏遠了組織與公眾之間的距離。

3. 勇於承擔責任

在危機處理過程中，要實事求是，勇於承擔責任，不要試圖掩蓋事實真相、推卸責任；否則，只能招致公眾的反感和抵抗。如 2004 年消費者高歌索賠雅芳公司一案以雅芳賠付 181269.83 元而告終。雅芳公司在處理化妝品過敏的案例中就違背了勇於承擔責任這一原則，一直把責任推給專賣店，拒絕對消費者進行精神賠償，導致消費者從 2002 年事件發生，到 2004 年的憤而起訴。這個事件對雅芳公司的百年品牌的打擊是難以估量的。

4. 迅速採取行動

遇到危機時的反應速度是企業能否儘快轉危為安的重要因素。在發生危機後，要及時採取一系列的補救行動，要讓公眾瞭解組織是非常重視這件事的，並且如何就發生的事件採取行動，計劃將來怎麼做，這些信息對溝通協調很重要。

三、危機後期

危機後期的工作是指危機局勢基本得到控制以後而開展工作的階段，它是危機管理工作的重要組成部份，不應該被忽略。應該注意做到以下幾點：

⑴ 繼續關注和安慰所有的受害人及其家屬。進一步表明企業重建的決心和信心，期待對方的理解和支持。

⑵ 在不同時期、不同場合，增強「預防就是一切」的管理意識。

⑶ 重建與公眾聯繫的管道。

⑷ 做好公益事業或者開展社區工作，支持地方經濟和社會建設，重建信譽，重樹形象，補償對環境的損失等。進一步強化企業在公眾心目中的社會責任，獲得持久的認可和支持，溝通協調各方面的關係。

四、與各界的溝通

1.與受害者的溝通技巧

在危機發生的情況下，政府或企業對受害者的態度和相應的做法不僅影響著受害者本身對政府或企業的看法，同時也是政府與企業樹立形象和信譽的一個關鍵因素，這是關係到危機能否順利化解的關鍵。面對受害者，管理者可以參考如下做法。

⑴瞭解情況，主動承擔起責任

管理者可以派出專人或者自己親身去看望受害者，表示慰問，並認真瞭解受害者的情況，冷靜地傾聽受害者的意見，真誠地表示歉意，主動承擔相應的責任，即使受害者有一定責任，一般也不要去追究，更不應該在談話中流露出來。

⑵主動溝通，賠償損失

負責溝通的人應該主動瞭解和確認受害者的有關賠償要求，向受害者及家人講清企業關於賠償的條件與標準，並儘快落實。如果受害者或家屬提出不合情理的、企業無法滿足的要求，溝通者要注意溝通的技巧，儘量策略一些，避免在事故現場與受害者及其家人發生口角，要努力做好解釋工作，爭取對方的理解。例如可以在合適的地方單獨與受害者或其家人進行溝通，有分寸地讓步；如果拒絕的話，則要注意採用委婉的方式，態度要誠懇，語氣避免冷淡生硬。

⑶提供優質的善後服務

不論企業是否應該承擔責任，企業在危機的處理過程中都要始終主動出擊，做好善後工作。除了安排專人慰問探望之外，還應盡可能提供服務與幫助，盡最大努力做好工作。這樣可以得到受害者或其家屬的原諒乃至感激，最終有利於危機事件的進一步處理。

2.與新聞媒體的溝通技巧

⑴主動、有選擇性地與媒體溝通

在現代社會中，報刊、廣播、電視、網路等媒體的宣傳已經深入到我們生活的各個方面，成為人們瞭解外界事件的基本工具和通道。在危機管理中，管理者與媒體的溝通直接影響著外界對事件的瞭解和對組織形象的認識。因此，與媒體的協調就變得尤為重要。溝通時，只有根據媒體的特點，採取有效的管理措施，才能使媒體的宣傳有利於危機管理工作的開展。

①平時應該和媒體建立良好的合作關係

通過定期召開與媒體的見面會、安排新聞媒體等從業人員聽取企業彙報、訪問企業主管、參觀企業的生產流程等方式使媒體對企業有較深入的瞭解；企業相關部門要熟悉並掌握主要負責該領域的媒體記者的情況和聯繫方式，為企業建立良好的公共關係的同時，也為危機發生後和媒體的及時有效溝通創造了條件。

②分析媒體特點，有針對性地傳播

根據公眾對象的特徵選擇傳播媒體。例如：對普通公眾的溝通，就要選擇傳播速度快、傳播範圍廣的電視、報紙等；若是對某方面特定的公眾傳播信息，就可以選擇與之相關的專門的報紙、刊物等。

根據傳播內容的特點和要求選擇傳播媒體。如果傳播的內容較多，事件較複雜，最好使用文字和圖表相結合的印刷媒體，這樣便於反復閱讀和思考研究。如果只是向公眾簡單介紹一件事情的經過，或者表明企業的態度，最好選用電視、電台等媒體。

根據經濟能力和經濟條件選擇和使用傳播媒體。不同的媒體，由於其受眾和知名度不同，其收費標準是不同的。一般來說，電視的收費最貴，報刊次之，廣播更便宜一些。企業應該根據經濟能力，綜合考慮以上三個原則，爭取在最經濟的條件下獲取盡可能大的傳播效益。

⑵對媒體記者一視同仁，坦誠相待

①在對外宣傳中，不論媒體知名度大小，接待時都應該一視同仁，絕不能厚此薄彼。應主動配合記者瞭解情況，介紹事件的緣由，以便記者正確地判斷和報導。

②坦誠相對，言辭謹慎。如果態度誠懇，坦誠相待，即使企業有不能為公眾所知的商業秘密，記者也會體諒企業的立場，不會為難企業。同時，媒體面對的是各行各業的普通大眾，在與媒體交流溝通的時候，應該儘量避免使用行業內用語和晦澀難懂的專業術語。

③精心組織好新聞發佈會。新聞發佈會是企業展示形象、表達聲音的視窗，企業必須全力以赴。

選擇適當的時間和地點；確定與會者的範圍；確定主持人和發言人；確定新聞發佈會的主題以及需要發佈的信息；佈置好會場；提供全部與事實真相有關的資料和錄影；安排專人負責收集到會記者發表的關於本次事件的報導，並進行歸類分析，從中瞭解各個記者報導的傾向、意見和態度，作為以後邀請記者以及進行媒體公關時的參考，必要時還可以視情況的需要給參會者準備適當的小禮物。

危機處理後，與記者的交流和溝通也是必要的。這種交流和溝通在向記者表示感謝的同時，可以增進彼此感情，促進友誼，有利於企業良好形象的樹立。

五、與供應鏈的溝通技巧

經銷商包括批發商和零售商，經銷商保證了產品銷售管道的暢通。對於一個企業來說，銷售比生產更重要。由於現在大多數企業採取的是賒銷政策，即先賣出貨物，後收貨款，所以，經銷商是否按期付款是企業能否有效盈利的保證。在危機發生時，企業往往遭受週圍公眾的信任危機，如果經銷商再要求退貨，企業又沒能處理好與經銷商的溝通，企業不僅會遭受較大的損失，而且不利於以後雙方的合作。在危機發生後，如果真的是產品品質的問題，企業要調查清楚，主動收回有問題的產品；如果不是產品本身的品質問題，企業要積極尋求經銷商的支援，通過溝通，給經銷商以信心，使其相信企業有能力解決危機，即使危機影響了企業的實力，企業也要保障經銷商的利益，從而避免後院著火，使事件能夠儘快解決。

六、與社會公眾的溝通技巧

在危機來臨時要儘量從速、主動披露相關信息。企業的信譽度是企業的立身之本，主動披露相關信息更容易獲得各利益相關者的信任。

如 1987 年，美國三大汽車公司之一的克萊斯勒陷入了里程表的危機中。其被控告重新設置了汽車里程表。眾所週知，所有汽車出廠前需要進行路面行駛測驗，而進行路面行駛測驗的汽車里程表自然就有了里程數。有媒體披露，克萊斯勒公司將這些經過路面行駛測驗的汽車的里程表重新設置歸零，有的汽車甚至被公司管理人員作為交通工具駕駛高達近 1000 公里，可這些車的里程表仍然被重新設置歸零當做新車出廠。此事一經媒體披露，克萊斯勒公司便陷入了一場社會輿論的危機中。克萊斯勒公司當時的總裁迅速主動地承擔了責任，在記者招待會上向公眾表示:「此事確實發生，但是這種事情實在不應該發生，未來這種事情絕對不會再次發生。」這種坦誠承認責任的做法樹立了公司良好的態度和形象，輿論很快平息。

相反的例子是埃克森的原油洩漏。1989 年，埃克森石油公司的油輪在阿拉斯加擱淺，1100 萬加侖(相當於近 5000 萬升)的原油被排放到海上，導致了阿拉斯加生態環境嚴重破壞。埃克森公司總裁在事故發生一個星期之後才向公眾做出說明，但是仍然不願承擔事故的責任。結果，全世界民眾紛紛譴責埃克森公司，並發起了抵制埃克森石油公司加油站的行動。

從這兩個案例中可以看出，兩種不同的處理方式帶來的結果是截然不同的。

案例詳解

◎案例 14　Valu Jet 公司從重大空難中復原

對任何公司來說，最嚴重的悲劇莫過於看到因為使用自己的產品而造成人身傷亡了。空難對航空公司來說處理不慎不僅損失嚴重，而且很可能就此一蹶不振，而 Valu Jet 航空公司卻依靠坦誠和毅力渡過了危機。

一、案例介紹

1996 年 5 月 11 日，當 Valu Jet 航空公司的一架班機墜落到佛羅裏達州南部爬滿鱷魚的沼澤中後，該公司選擇了許多組織都曾採用過的方式：以坦率、誠實以及人性關懷的態度來面對這次難以言表的災難事件。在那次飛機失事中，Valu Jet 航空公司損失了一架飛機，機上包括 5 名機組人員在內的 110 人全部遇難。

二、危機處理過程

⑴及時迅速召開新聞發佈會

Valu Jet 航空公司的首席執行官路易士· 喬丹(Lewis Jordan)是在帶領一群公司員工為名為「人類棲息地」的慈善組織興建慈善房屋時接到緊急救援的信號的。溝通主管向喬丹先生的傳呼機上發來了意味著緊急救援的「911」信號，喬丹本能地意識到，一定不是好消息。他立即跳上車，迅速開往位於亞特蘭大機場附近的公司總部。當他到達公司與緊急任務小組成員會面後，才知道最糟糕的事情發生了。Valu Jet 航空公司損失了一架飛機，機上包括 5 名機組人員在內的 110 人無一生還，其中還有由喬丹親自僱用的機長。

雖然喬丹自己當時所掌握的信息也不太多，但是大約 2 個小時後，他脫下了西裝，穿上公司的藍色工作服，匆匆召開了一個新聞發佈會。他決定儘快將自己所知道的一切信息告訴公眾。喬丹很清楚，這樣做很容易陷入太早面對公眾、對媒體太公開等諸多的陷阱，也可能會遭遇很多尖銳的問題，但他決定不遮掩任何問題，不拒絕回答任何問題，並且不打斷任何人的提問。「相反地，我決定儘量延長新聞發佈會的時間，那怕這將意味著我必須對同一個問題回答 10 次。我在航空業已經待了很長時間，我當然知道航空公司應該承擔的法律責任是大家關注的重點。我也理解會有很多與財務、保險等各個方面相關的問題，這才是最重要的。我深信，如果問及 Valu Jet 航空公司是如何看待這次危機的話，有一點對我來說是非常肯定的，那就是我們永遠會將對人的關愛置於所有事情之上。」

⑵按照危機優先次序處理危機

喬丹將所有需要應對的緊急情況和需要做的事情排定一個優先次序，並於星期天淩晨 2 時，搭機前往邁阿密，出席一個在早晨舉辦的媒體吹風會，然後參加一個家庭聚會。

此時，最需要關心的是那些在此次空難中失去親人的家庭成員們。這位 Valu Jet 航空公司的總裁說：「我作為公司員工的總裁，對事故負有責任。對於公司所在社區的人們，我同樣有責任就他們關心的問題提供答案。當空難的消息還在廣泛傳播之時，我們公司的另外 50 架飛機仍然在運營。我有責任站出來，公開地對公眾說明我們已經瞭解的以及那些我們目前還不太清楚的所有情況。有鑑於此，我認為，必須先召開一次簡短的新聞發佈會，然後再離開亞特蘭大，只有這樣做才是明智的。」

⑶總裁親自擔任公司首席新聞發言人

喬丹很重視媒體的作用並親自擔任公司首席新聞發言人。他說:「我認為自己是當仁不讓的最佳人選。」航空工程師出身的喬丹，在航空業有著 30 多年的從業經驗，此外還有豐富的經營和維修的經驗。事實證明，他是最適合的首席新聞發言人。

空難發生之後，路易士· 喬丹立即展開了積極的「一人攻勢」來挽救公司的聲譽。但政府考慮到空難所造成的影響，還是勒令 Valu Jet 航空公司的飛機暫時停飛。

喬丹對於此間的有些新聞報導特別憤慨，特別是那些「對這件事情匆匆下結論」的報導。他強烈要求媒體表現出克制，少對空難原因進行臆測。但是在空難剛剛發生後的最初 48 個小時中，有關造成空難原因的猜測性報導充斥全國。有些報導稱:「這些是已經服役了 26 年的飛機，這次肯定是老舊飛機超期服役造成的災難。」另外一些報導指出:「眾所週知，Valu Jet 航空公司規定，飛行員需要自行支付其培訓費用。」還有些人則質疑普惠公司生產的飛機發動機，稱這種發動機曾經在其他飛機上也出現過問題。喬丹認為，所有的報導都是「不公正的，特別是對那些急需瞭解事情真相的罹難者家庭來說，更是如此」。事件過後的調查顯示，是一個因為打錯標記而被放置在了貨艙中的易燃品容器引致這次空難。

⑷對媒體報導表現出克制、配合的態度

儘管媒體的報導存在很多錯誤，Valu Jet 航空公司和喬丹在與媒體打交道的時候還是採取了開放與合作的態度。在評論那些報導的時候，喬丹說：「其實有些媒體人士還是相當有水準的。他們不僅客觀、公正，而且極富同情心。他們很瞭解我們所經歷的考驗有多嚴峻。他們中有很多人都在新聞發佈會後站出來與我們握手，鼓勵我們：「我們會支援你們，與你們站在一起，你們的表現很不錯！」與此同時，包括前任美國政府航空監察委員瑪利・斯基沃(Mary Schiavo)在內的很多批評家和資深記者，紛紛指責 Valu Jet 航空公司採取的是下下之策。Valu Jet 航空公司面對這些批評時表現得十分克制，他們選擇不去正面回應，而是間接指出這些推斷沒有事實根據。

⑸隨時與員工溝通

在整個危機過程中，發動了所有員工，鼓勵他們積極參與，共同幫助公司渡過危機。公司從一開始就採用了內部通信、內部傳真以及即時更新的語音信箱留言等多種形式，迅速及時地讓公司主要經理們能隨時瞭解相關信息。此外，喬丹要求，發送給全公司所有員工的語音郵件，每週至少更新一次。

⑹始終體現出對遇難者家屬的誠摯關懷

事情過去之後，喬丹還不斷向那些遇難者家庭表示誠摯的關懷，同時堅信，作為一家航空公司，Valu Jet 航空公司一定能走出低谷。

儘管遭受了許多明顯不公平的對待，Valu Jet 航空公司最終成功地重回藍天，緩慢、穩健而持續地擴大著航線，並且重新贏得了顧客們的信心。1997 年，Valu Jet 與原美國穿越航空公司(Air

Tran Airways)合併，並明智地同意合併後的新公司將沿用「美國穿越航空公司」的名字。

三、事件啟發

Valu Jet 航空公司在這次空難中雖然遇到了各種各樣的困難，但是它從不輕言放棄，而且在公司最困難的時候，全體成員都能夠以坦誠的態度面對現實，同舟共濟，這是一個企業起死回生的根本。正如事後喬丹指出的那樣，是公司 4000 名員工的鼎力支持，才使得 Valu Jet 能在「大難臨頭」之際仍能持續運作。到了 1997 年夏天，Valu Jet 航空公司的業務又恢復到了空難發生前一半的規模，全部航線恢復正常運營，公司 2000 名員工、31 架飛機，提供著往來 24 個城市的航空服務運營。此時，即使是最為苛刻的產業評論家也不得不承認，航空公司和喬丹在面對極其險峻的形勢和可能招致公司崩潰的危機及責備時，表現出的危機意識和挽救危機的能力十分出色。

心得欄 ------------------------------------

◎案例 15　菲律賓人質事件

一、案例介紹

2010 年 8 月 23 日 9 時，菲律賓首都馬尼拉，一名持槍男子劫持了一輛旅遊觀光車，車上有 22 名香港人。由於菲律賓員警蹩腳的應急處理，處理人質事件頻頻出現敗筆，導致無辜者被壞人槍殺，釀成無法挽回的悲劇。

55 歲的劫持者羅蘭多· 門多薩是名警員，2008 年因被控涉嫌搶劫、敲詐和參與同毒品有關的犯罪，遭警察局解聘。

門多薩試圖劫持客車以人質作為籌碼，與當地政府進行談判，要求恢復他的職位。他在客場擋風玻璃和車門上貼出「撤銷最終決定」以及「用(劫持客車的)錯誤(行為)糾正(解職的)錯誤決定」等字條。

得知大巴車遭劫，菲律賓警方立刻趕赴現場，一方面組織人員與劫持者談判，要求劫持者釋放人質，另一方面出動特別行動部隊、狙擊手，將其佈置到現場四週，隨時待命。

一開始談判較為順利，警方還答應劫持者的要求，提供燃油補給、食品和水等。此外，劫持者的妻子和弟弟葛列格里奧也趕到現場，協助警方與劫持者溝通。隨著談判不斷進行，陸續有多名人質被釋放，菲律賓員警越來越自信，認為事件能夠和平解決。第 8 名人質被釋放時，菲律賓警長歐文表示，「我對於劫持者在當地時間下午 3 點(格林尼治標準時間上午 7 點)釋放全部人質感到有信心」。

然而，到了晚上，局面開始惡化。門多薩接受菲律賓當地一家電台採訪時稱「已經做好了殺死人質的準備」，因為他發現大巴外聚集了很多特警，他認為這些特警隨時會殺死他。尤其是當門多薩透過電視直播看到其弟弟葛列格里奧被菲律賓員警逮捕(員警懷疑葛列格里奧向門多薩通風報信)，門多薩家人強烈阻止的混亂局面時，該犯罪者情緒失控，一團和氣的形式也急轉直下，車內傳來槍聲。

趁亂逃出的司機告訴員警，可能車上的 15 位人質全部被殺害。得知這一消息，晚上七點半左右，當地警方開始強攻，準備砸車窗，向車內丟催淚瓦斯。但又因聽到消息，綁匪其實只殺死了 2 名人質，菲律賓警方又變得小心翼翼，不敢貿然行動。沒有專業破窗設備的員警，僅破窗就嘗試了右側車窗、車門、車前窗、車後部等多個部位，持續時間長達 1 個多小時。即使破窗進入車內，警方還一度被劫匪擊退。直到八點四十左右，伴隨著一陣激烈槍聲，門多薩被當場擊斃，屍體被掛在車門外。員警強攻結束後，最終又有 8 人遇難。

菲律賓警方拖泥帶水的業餘式應急管理，延遲了救人時機，導致 8 名香港遊客死亡。參與救援事故的菲律賓相關部門遭到中方媒體、官方以及當地媒體的強烈譴責與質疑。

23 日深夜，菲律賓總統阿基諾三世到被挾持事件現場瞭解情況，並在隨即召開的記者會上，為警方辯護，稱對峙時間過長是因為當局最初相信槍手會投降。同時，阿基諾三世也把責任推到媒體頭上，認為媒體全程直播挾持人質事件，讓劫持者知道了警方的部署。

8 月 24 日，馬尼拉警方負責人利奧卡迪歐· 聖地牙哥為警方辯解，稱他們在經過長久對峙後再選擇攻擊是正確的，因為「我們認為劫持者仍是理智的，當司機逃出並有報導說他已經開始殺害人質時，我們認為對大巴展開攻擊的時間到了」。而且，他們也認為他們採取了正確的步驟，只是在能力和戰術使用上存在一些明顯不足。

8 月 30 日，馬尼拉市長林雯洛出席當地警方一個活動時，為菲律賓警方喊冤。他認為警方在拯救人質時已經盡力，雖然有 8 人不幸被殺，但車上人質高達 25 人，他們即使有錯，也不該遭遇如此鋪天蓋地的批評。同時，在 31 日菲律賓天主教會舉辦的悼念遇難 8 名香港人的彌撒活動中，馬尼拉市長林雯洛矢口否認曾下令逮捕門多薩的弟弟，「我命令人用手銬鎖住他(門多薩弟弟)，因為他當時已有敵意，十至十五分鐘後，警員拿著手銬走近他，我說不要鎖上手銬，我指示馬格蒂拜警長帶他回員警總部。」但之前菲律賓警方指出是馬尼拉市長林雯洛下令拘捕門多薩弟弟，觸怒了門多薩。

在後來的聽證會上，又屢屢爆出更多令人不滿的處理敗筆。如馬尼拉副市長莫雷諾作供時承認，門多薩開槍後的關鍵時刻，莫雷諾和市長林雯洛分別離開了現場，「感到洩氣」的莫雷諾去附近一間賓館喝咖啡，因為「我可以做什麼，難道要去迎子彈？」林雯洛則去了餐廳。

8 月 30 日，菲律賓女司法部長德利馬領導的專責委員會，對菲律賓警方下達「封口令」，禁止他們擅自發佈調查結果。

9 月 3 日，菲律賓總統阿基諾三世表示，他對菲律賓當局營救被劫持人質失敗負責。菲律賓當局也在當天承認，菲警方多次放棄射殺劫持綁匪，他們在解救人質的行動中犯了太多錯誤。

9 月 9 日，菲律賓司法部長德利馬在記者會上承認，人質事件中的部份香港人質很有可能是被菲警在營救他們時開槍擊中。不過，但 9 月 16 號，德利馬又改口稱，經調查發現全部遇害人質都是被劫持者門多薩打死。

菲律賓官方除了對外公佈事故調查時出現口徑不一、一味辯解、互相推諉等失誤，眾人期待的菲律賓人質調查事件報告也一波三折。

8 月 23 日，菲律賓當局就成立人質調查委員會，原定在 10 月 15 日將呈交給總統阿基諾三世的調查報告，一再拖延，公佈時間拖至 10 月 20 日。報告列舉了導致悲劇發生的 8 大因素，如馬尼拉市市長開啟危機管理委員會滯後、對劫持者談判條件缺乏正確判斷、馬尼拉市長下令拘捕門多薩的弟弟、危急時刻馬尼拉市市長等主要負責人離開現場、解救混亂等。

調查報告也提出了對解救人質事件中的主要負責人的處理建議，但顯得輕描淡寫。具體處理方案如下：

行政起訴：前馬尼拉警區負責人、大馬尼拉地區警察局局長、人質事件談判負責人、特種部隊負責人

行政處分：馬尼拉市長、菲律賓申訴辦公室副主任

訓誡：內政部長

逃脫懲罰：內政部副部長、菲律賓國家員警總長、馬尼拉副市長、RMN 電台的兩位記者、ABS-CBN、GMA-7 和 ABC-5 電視台

即便逃過重罰，馬尼拉市長林雯洛還覺得冤枉，「在我 50 年的公務生涯中，我盡最大努力履行自己的職責，沒有人能指責我怠忽

職守。但是，由於這次的人質危機，我的名字蒙汙，副市長莫雷諾的名字也蒙汙。……我可以自己承擔，因為我知道我也沒做錯什麼。我也不是在指責誰。只是，不走運就是不走運。」

二、案例分析

菲律賓人質事件中，菲律賓當局的處置漏洞百出，導致香港遊客死於劫匪門多薩槍下。

1. 缺乏臨危不亂的應變力

應變力缺乏是導致菲律賓人質事件以悲劇收場的重要原因。

在應對菲律賓人質事件中，菲律賓當局屢屢失誤：洞察力模糊、反應力遲鈍、判斷力錯位、思維力不夠敏捷，也不擅長用勢，結果敗筆連連，導致了無法挽回的悲劇。

菲律賓當局應變力差，具體表現在以下幾個方面：

其一，反應遲鈍。

劫匪門多薩劫持旅遊車時，初衷不是單純為了洩憤或報復社會，他還有生存的慾望。他試圖以劫持旅遊車作為談判砝碼，要求菲律賓警方答應他的談判條件，劫匪不會擅自開槍自斷生路。這是處理菲律賓人質事件的大前提，為警方與劫匪週旋，解救人質提供了充足的條件。

從 8 月 23 日 9 時旅遊車被劫持到晚 8 時劫匪被打死，一共經歷了 23 個小時，菲律賓警方具備充足的危機管理時間。然而，菲律賓警方在應對突發事件處置上，一再拖延，不但延遲了救援時間，還激怒了匪徒，最終整個事件慘烈收場。

劫持人質的匪徒會變得異常敏感和暴躁，很容易失去耐心，與劫匪打持久戰並不可取，應該以「快、準、狠」為指導理念，透過談判或強攻等方式迅速將劫匪制服，以免節外生枝。但菲律賓警方從接到警情、與劫匪談判、強攻等都表現得拖泥帶水，直到事態惡化到完全超出他們的控制範圍。幾十秒內完成的強攻，菲律賓警方也耗時長達 79 分鐘，被稱為「世界上用時最長的營救突擊」。

其二，思維力不夠敏捷。

突發事件中，當人的生命受到威脅時，保全生命是第一位的。菲律賓人質事件中，儘量保全人質是核心。

門多薩劫持人質無非是想官復原職，具有談判的空間和餘地。為了不傷害人質性命，菲律賓當局與劫匪談判是明智的，如果能和平解決自然皆大歡喜。同時，即使不能和平解決，不得不以強攻結束，談判也有助於警方瞭解現場和劫匪狀況。

當門多薩與菲警方申訴專員通話時，表示被撤職後連續寫了三封信，但菲警申訴專員告訴他並未收到，並表示將會複檢他的案件。菲警申訴專員的回答，讓門多薩極為惱火，認為這樣的答覆是「垃圾」,「將會複檢他的案件」明顯是敷衍之詞，門多薩可沒有耐心聽這類毫無誠意的承諾。此時，如果談判專家用較為明確果斷的答覆，甚至答應門多薩的要求，也不是什麼罪過。畢竟，非常時期要講究非常之道，此時，即使打著政府的幌子和冒著損害政府信用的風險，欺騙劫匪，也並不為過，更不是什麼彌天大罪。然而，菲律賓政府只想著政府的面子不能丟，絕對不能給劫匪得寸進尺的機會，忽略了旅遊車上無辜者的性命安全。

其三，判斷失準。

現場員警缺乏足夠敏銳的洞察力，頻頻出現判斷失誤。

當車內傳來槍聲，趁亂逃出的司機告訴員警，可能車上的 15

位人質全部被殺害，警方未細加判斷就信以為真。不管是基於經驗還是現場狀況，警方都不應該把所有的判斷依據都押到司機一個人身上。於是，當地警方決定強攻，準備砸車窗，向車內丟催淚瓦斯。

然而，忽又傳來消息，其實劫匪其實只殺死了 2 名人質，警方又變得小心翼翼，不敢貿然行動。警方的行動方向完全被並不靠譜的消息左右，失去自己的判斷。而正是由於警方缺乏判斷力的盲目行動，導致劫匪與警方的衝突不斷白熱化，被憤怒的劫匪殺死的人質也越來越多。

其四，冒險心態嚴重，鎮定力不足。

恰當的強攻有利於警方在最短時間內制服劫匪，也是警方應對劫持人質事件中較常使用的方法。

菲律賓警方的失誤在於，他們的強攻未免太慢吞吞和「軟綿綿」了。對於不少專業員警而言，強行進入車內不過幾十秒的時間。形成明顯對比的是，菲律賓警方拿著大鐵錘，嘗試用大錘分別敲打右側車窗、車門、車前窗、車後部等多個部位，但大多數只砸出個破洞，鐵錘還一度掉進車內，特警的狼狽可想而知。

有一個員警還把螢光棒扔進車內。儘管大錘砸窗未取得實質性進展，警方無意做出的「敲山震虎」或者扔根螢光棒此類「逗你玩」的方式，肯定會給劫匪帶來巨大的心理壓力，車內人質的處境將更加危險。的確，之後車內傳來陣陣槍聲。

槍聲也「唬」住了警方，他們只得作罷，選擇貼身戒備。約 10 分鐘左右，開來一輛警車，警方用一根繩子將車的自動門下部和警車尾部連起來，試圖將自動門拉脫，就在關鍵時刻，繩子竟然斷了。不過，巴士尾部的逃生門還是打開了，一名特警緩慢地從逃生門進入車內，剛進車內，就遭到劫持者開槍掃射，特警匆忙撤出。

劫匪的心理素質再好，也承受不了員警如此的折騰，為了洩憤，劫匪在車內瘋狂開槍。

其五，用勢錯位。

菲律賓當局明顯地出現借勢錯位。

首先，菲律賓警方專業性、經驗都相對欠缺，應該尋找更為專業性的外援。人質事件發生後，一種專門應對槍手、解救人質，經驗豐富，由美軍特種部隊提供訓練和裝備的特種部隊曾趕往現場，但被自信的警方拒絕，稱自身能力足夠應付。事實證明，警方盲目自信。

在談判過程中，警方啟動了另一類資源——讓劫匪親屬參與談判，這並不明智。「親情感化」本來是較好的談判技巧，但菲律賓警方事先的動員等準備工作不足，「親情感化」成了危機爆發催化劑。

劫匪劫持人質後，劫匪弟弟曾身穿便服，攜帶手槍前往現場，被警方繳獲。門多薩要求將弟弟的槍歸還，談判專家奧蘭多· 耶夫拉告訴門多薩槍已歸還。劫匪弟弟到現場後，非但沒有說服門多薩，反而勸哥哥門多薩別投降，認為哥哥受到「不公平對待」。而且，弟弟還告訴門多薩「我的槍，我仍然沒有拿到槍」。

弟弟的現場「伸冤」，無疑是火上澆油，進一步打破了本應有希望和平解決的局面。門多薩極度憤怒，認為談判專家耶夫拉是個徹頭徹尾的騙子，「是我開的槍，這是對耶夫拉上校說謊發出的警告。他說他會歸還我弟弟的槍，但結果卻是假的。我從他那裏得到了什麼真的東西？」門多薩在車內鳴槍以示警告。

2. 失職的領導者

突發事件發生後，重大突發事件往往需要領導人站出來表達政府的立場以及採取的措施。領導人的及時出現，會讓混亂的局面逐漸穩定下來，有利於對大局的良性引導和控制。

菲律賓人質事件發生後，如果菲律賓總統出面與劫匪談判，由於總統的權威性與公信力，可能更容易溝通，有利於轉化危機。但菲律賓總統阿基諾三世認為絕對不會去做與劫匪談判這樣「自掉身價」的事，因為這樣會助長劫匪的囂張氣焰。

更讓人們不滿的是，菲律賓總統阿基諾三世在事件發生後視察現場時，竟然出現微笑鏡頭。作為國家第一領導人，菲律賓總統的言行，不但代表著他個人形象，也會傳遞出整個國家的集體態度。

8 名香港人無辜失去性命，菲律賓警方處理得一場糊塗，此時菲律賓總統還有心思保持微笑，更讓人們質疑菲律賓整個國家的不負責任與冷漠。

抵不住譴責的輿論洪流，阿基諾三世為微笑道歉，稱自己高興、遇到荒謬的事或惹怒時都微笑。即使公眾勉強接受了他奇怪的藉口，他後來的聲明，再次讓人們對這位菲律賓總統不滿。道歉次日，阿基諾三世認為菲律賓人質事件沒什麼大不了，「神會有一個完美計劃給我們(菲律賓)，兩三年後當我們記起這件事只會笑，因為此事真的沒有什麼大不了的。」如果菲律賓警方將人質事件處理得乾淨俐落，菲律賓總統的「沒什麼大不了」表現出的可能就是當地政府的自信與豁達。但自己領導的政府出現如此讓同行痛批的「醜聞」，致使人質死亡，竟然還不痛不癢地說「沒什麼大不了」，難免被公眾扣上「冷血」的帽子。難怪連菲律賓自己的報紙《每日論壇報》評論員都對自己總統誇張的言談感到震驚，「無論中國人、菲律賓人，以致所有人類也震驚，他(阿基諾三世)想過死者家屬即使若干年後仍然會很痛苦嗎？」

即使菲律賓總統在談判時不露面，現場領導者如果能迅速啟動危機管理方案，實施科學合理的危機決策，菲律賓人質事件或許也能圓滿結束。

引起劫匪射殺人質的關鍵事件——警方強行控制劫匪弟弟，就是馬尼拉市長林雯洛下的令。當劫匪與弟弟正面溝通被弟弟告知談判專家欺騙他時，已經暴跳如雷。這時，警方不宜再作出過激行為激怒他，但馬尼拉市長林雯洛為了表達對劫匪弟弟的不滿，倉促下令將其控制，並不幸被敏感的門多薩看到。這是馬尼拉市長林雯洛冒險主義引發的極大失誤。

馬尼拉市長林雯洛和馬尼拉副市長莫雷諾分別在門多薩開槍後的關鍵時刻，感到洩氣，莫雷諾去附近一間賓館喝咖啡，林雯洛則去了餐廳。劫匪槍在膛上，車上人質隨時都有生命危險，關鍵領導者還能悠哉去咖啡廳和餐廳。關鍵領導者的缺席，導致現場營救無組織，出現混亂。

3. 推諉引「憤火」上身

突發事件發生，且由於政府應急管理不力導致危機蔓延時，政府需要為自己的失誤道歉。然而，參與營救人質的相關人員並沒有主動承擔責任，相反，他們互相推諉。

公眾可能會原諒一個人的錯誤，但不能原諒一個人推脫責任。突發事件發生後，人們除了擔憂真相，更擔憂被愚弄。政府的互相推諉，往往會成為政府無能的印證。在突發事件應急管理中出現失誤時，只有說真話，敢於承認錯誤、承擔責任，才有可能獲得公眾的諒解。

菲律賓總統阿基諾三世、馬尼拉市長林雯洛、馬尼拉警方負責人利奧卡迪歐· 聖地牙哥等重要領導人，也表示了一定的歉意，如阿基諾三世說，「這場慘劇凸顯出菲律賓安全部門在處理人質危機事件上的多處能力缺陷。」

但話鋒一轉，辯解才是重頭戲，道歉不過是鋪墊。他們先後為自己辯護，認為菲律賓警方採取的步驟是正確的，只是在能力和戰術上存在一些明顯不足。同時，菲律賓政府把相當一部份責任推到媒體身上，認為媒體全程直播挾持人質事件，讓劫持者知道了警方的部署，「如果不是電視台播放綁匪弟弟被帶走的畫面，我們和綁匪的談判可能已經達成結果。」

客觀地說，的確是媒體直播的警方控制劫匪弟弟的畫面，激怒了劫匪。

對突發事件的直播，已成政府部門處理突發事件的常態。現場直播，有利於公眾更全面詳細瞭解突發事件真相，從所獲信息中截取有效信息，作出相應判斷。如自然災害、交通事故、社會污染事故等發生後，直播都能發揮較好的信息傳播和動員作用。但是，諸如人質劫持事件，屬於後果難以預料的範圍，媒體也無法確定直播後可能造成的效果，媒體在直播時應該謹慎，以免對危機解決造成干擾。

英國《每日電訊報》的文章稱，客觀地說，媒體對人質解救確實產生了干擾，整個人質劫持過程中，門多薩不停接聽或打出電話，多數通話對象是媒體，他第一次威脅要殺死人質，傳遞「與人質同歸於盡」的絕望心態，都是直接傳遞給媒體的。

菲律賓當局不能把主要責任推到媒體身上。媒體的直播頂多算是門多薩憤怒的一個導火索。而且，門多薩看到直播後，也沒有立刻射殺人質。他不斷地高喊，「為什麼員警這樣對待我弟弟？如果他們繼續，我會對人質下手！」「告訴員警，我會給他們 5 分鐘！」門多薩的最後通牒並沒有得到警方的及時回應。正在和門多薩通電話的記者告訴警方，警方可以用記者的電話和門多薩聯絡，但被員警多次拒絕。可見，門多薩在射殺人質之前還是給警方留了一定的時間，警方並未好好利用。

菲律賓政府把責任推卸到媒體上的做法，受到菲律賓媒體、香港媒體乃至世界媒體的強烈譴責。菲律賓《問詢者報》稱，人質事件是菲媒體的「黑色一天」；英國天空電視台認為，電視直播讓菲律賓當局惱火，是因為直播讓全世界看到菲律賓特警和政府的無能，家醜外揚了；英國《泰晤士報》寫道，「無需過度解讀現場直播給劫持者提供信息的意義，因為菲律賓特警控制現場的能力是如此拙劣，那樣笨拙的攻擊和近乎可笑的拿著大錘砸窗戶，已經給歹徒提供了遠比電視直播更多的有用信息」；新加坡《聯合早報》則這樣諷刺菲律賓政府推卸責任這種不光彩的行為，「菲人質事件發生後，菲律賓人哀歎，全球都知道我們搞砸了。因為整起事件，全球媒體都進行了實況轉播；美國《時代》週刊稱：「(菲律賓)警方的營救行動就像電影的慢鏡頭一樣」；英國《衛報》則認為全球人都透過現場直播觀看了一場「大屠殺」。確實，全球各地從這場寫實版的「警匪片」中，看到的是員警拙劣的表現，而歹徒則比警匪片中的歹徒更為窮兇極惡。

與在媒體上互相推諉相比，真誠的道歉更能獲得公眾諒解。

面對此次事件，不少韓國人以為這將會讓韓國在世界尤其是美國的信用一落千丈，前華盛頓韓人會會長金永根歎道，「韓國人長期積聚的信賴瞬間全體瓦解，真不知道今後如何面對向韓國人投來的尖利眼光。」事實上，因為韓國政府及時而奇妙的危機公關，事態並沒有進 ·步蔓延。

事件發生後，韓國政府多次發表抱歉聲明表明他們對這場槍擊案的歉意，韓國總統盧武鉉不但對受害者家眷表示了慰問，還向美國總統布希直接表達了歉意，「對這一悲劇事件覺得很震驚盼望能與布希總統和美國公民共同分擔這份悲哀……謹向遇難者表示深切的哀悼，並慰勞其家眷和受傷者以及美國公民……真心盼望這次事件能在布希總統的引導下，儘快得到解決，使美國公民早日從悲哀中走出來。」

另外，韓國民間也加入了各種形式的追悼會，以表示他們對無辜死難者的歉意，如韓國首爾廣場 4 月 21 日晚舉辦了「追悼文化祭」，以慰藉受害者的靈魂。

因為韓國政府積極的危機公關，槍擊事件後，美國對韓國的積極反應表示滿意，並稱此事件不會影響韓美關係的發展，也不會出現針對亞裔人和社群的敵意行動。

33 條無辜的性命因為一個韓國人的暴力行動含冤離世，震驚、惱怒是難免的，如果處置不當，會造成美國人對整個韓國、民族的敵視，甚至排擠、邊沿化在美韓國人。韓國政府的高超之處在於，他們並沒有為政府、韓國辯護，拿出什麼「這個兇手雖然是韓國人，但是在美國長大」此類藉口為自己敷衍推託，保持道歉先行原則。

一再地道歉和哀悼，不能讓逝去的性命復活，但可以表明韓國政府的立場，從而得到世人的諒解。這樣一來，世人也就不會把這次槍擊事件遷怒於韓國政府和韓國民族了。

4.「去罪化」輕描淡寫

有這樣一個故事，山間叢林中，一隻老虎不幸落入了獵人設置的索套之中，掙扎了很久，它都沒能把自己的腳掌解脫出來，獵人步步逼近，情況危急，老虎只得奮力掙斷被套住的腳掌，忍痛離開了這危機四伏的危險地帶。老虎斷了腳掌疼痛難忍，但若保全腳掌，則不得不付出生命的代價。這就是斷尾求生，也是危機時刻進行的切割。

當突發事件管理者飽受爭議時，就需要問責，找出一個靶子，也就是「去罪化」。

菲律賓人質事件的調查報告中，公佈了對相關負責人的處理建議，處理力度不痛不癢。如對前馬尼拉警區負責人、大馬尼拉地區警察局局長、人質事件談判負責人、特種部隊負責人實施行政起訴；對馬尼拉市長、菲律賓申訴辦公室副主任進行行政處分。此外，在人質事件中擔任談判的員警，竟然當選菲律賓年度十大傑出員警。

如此的問責顯然不能讓眾人滿意，引發社會輿論對菲律賓政府新一輪的不滿。

第 8 章

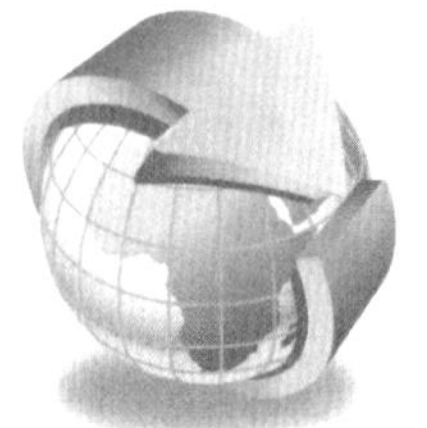

危機消除後的疏導

重 點 解 析

危機所帶來的災難不僅僅是有形的物質損失，而且對公眾心理也會產生極大的影響，因此，對社會心理的疏導也是危機恢復管理中十分重要的一個環節，針對這一環節的管理必須要求社會多方面的協同與配合。因此，這也是危機管理過程中不可分割的一部份。

針對危機事件的特點和可能帶來的各種心理問題，危機管理部門必須採取相應措施，對處於應急狀態的公眾心理進行適時、正確的疏導和控制，以減少心理危機和各種心理問題的發生。

一、充分發揮媒體的溝通優勢

在危機狀態下，與媒體的溝通是最迅捷有效的心理疏導方式之一，因為資訊報導是進行社會心理疏導和控制的有效和基本手段之一。為了避免或減少社會心理問題的產生，資訊報導應該注重內容的客觀性和議題設置的針對性。具體包括：資訊發佈要主動、客觀、及時、全面、準確；議題設置要具有一定的靈活性，要考慮報導資訊會給公眾帶來的心理反應及公眾心理的承受能力。

1. 全面、客觀地進行資訊發佈

危機狀態下，應該以公開透明的姿態，主動、客觀、及時、全面、準確地進行資訊發佈。資訊發佈過程中，一定要充分尊重公眾的知情權，只有這樣，才能最大限度地防止一系列心理問題的出現。資訊報導的客觀性，必須靠科學的資訊發佈、報送、收集制度來實現。現代社會是開放的系統，任何秘密都不可能成為永久的秘密。隱瞞的結果，只能導致小道消息漫天飛。組織要改變過去一味隱瞞和搪塞的錯誤做法，採取疏導的策略，以主動的姿態搶在第一時間向媒體發佈真實、全面、權威的資訊。謠言止於公開，而且恐慌和許多非理性行為都是源於公眾缺乏對事件的瞭解。

2. 有針對性地進行議題設置

在客觀報導危機資訊的同時，要考慮公眾心理的反應和承受能力，應儘量從能緩解公眾心理壓力的角度報導資訊。即便對危機的解決束手無策，也要儘量避免展現對危機無可奈何的一面，否則，會讓公眾陷入極度的恐慌之中。危機中應突出報導應對危機的有效措施、危機事態在向好的方向轉化等能夠增強公眾信心的資訊。因為同一資訊，可以有多個報導角度，可以有不同的側重，角度和側重點不同，產生的社會效果則不同。危機狀態下，正面的積極向上的資訊能夠減輕人們的心理壓力，鼓舞人們的鬥志，使人們勇敢面對危機。

3. 關注大眾心理需求

公眾在關注組織危機的時候，需要全方位的心理支撐，不但需要實用性的幫助，也需要心理方面的幫助，不但要求組織給他相關的資訊，也要求給他對資訊的解讀和資訊的整合，即資訊的深化和細化。因此，在危機恢復管理中與通過媒體與公眾溝通時，必須充分關注大眾需求，因為危機中人們對資訊的需求是豐富的、多方面的。

二、完善溝通管道

組織形象的恢復管理還要求組織快速建立全方位資訊傳播管道，使危機事件所波及的各方民眾能夠方便、快捷地獲取相關資訊。因為危機狀態下，如果人們能方便、準確、及時地掌握相關資訊，心理危機就會在很大程度上得到緩解，同時可以使虛假的、缺乏根據的資訊傳播的範圍和造成的後果減小。

人們快速獲取危機資訊的管道除了電話、網路、電視、報紙等常規管道外，人際傳播也是十分重要的一個環節。尤其在某些特定的危機事件下，常規的通訊管道可能被破壞，例如地震帶來大面積停電造成通訊中斷，此時需要啟動非常規的管道搜集和傳遞資訊。

人際傳播經常就會成為主要傳播管道，成為組織與大眾溝通的「橋樑」。人際傳播在危機事件中具有特殊重要的地位，應加強與當地民間「意見領袖」的交流，讓他們知道真實的情況，理解與支援組織的應對舉措，然後再通過他們用各種方式將有關消息傳播開來，從而成為積極的引導力量。積極的人際傳播還有助於官方的大眾傳播、組織傳播等取得更好的傳播效果。

三、評估社會心理

評估社會心理在組織形象恢復中也必須引起足夠的重視，尤其是政府型組織的危機應急管理告一段落之後。這一步驟的完成需要組織相關專業人員，通過適當的管道和方式瞭解公眾心理的具體狀況，針對災難事件中人群的心理行為變化，掌握民眾心理健康、心理恐慌狀態等指標，預測出可能出現的個體、群體和社區甚至更廣泛區域的人的行為趨勢，從而為有關部門採取相應的政策，保護廣大民眾免受或者減少在心理上的傷害，為戰勝災害提供理論依據和管理對策。可見，進行社會心理管理首先必須準確地把握社會心理客觀狀況，也就是要適時監測社會心理反映，並能夠預測將來的心理狀況，這是採取高效疏導措施的基礎條件之一。

四、實施危機干預

危機干預，屬廣義的心理治療範疇，它是指借用簡單心理治療的手段，幫助當事人處理迫在眉睫的問題，恢復心理平衡，使其情緒、認知、行為重新回到危機前水準或高於危機前的水準。干預的對象不一定是「患者」，儘管大多數國家將此列為精神醫學服務範圍。干預的最低目標應是保護當事人，預防各種意外，故常動用各種社會資源，尋求社會支持。

危機干預的方法有多種形式。危機心理諮詢與傳統心理諮詢不同，危機心理發展有特殊的規律，需要使用立即性、靈活性、方便性、短期性的諮詢策略來協助人們適應與渡過危機，儘快恢復正常功能。危機干預的時間一般在危機發生後的數個小時、數天或是數星期。危機干預工作者一般是經過專門訓練的心理學家、社會工作者、精神科醫生等。

在比較嚴重的危機事件中，大面積的人員傷亡往往會給社會心理帶來嚴重的創傷，譬如美國「9· 11」恐怖事件。因此，危機干預必須根據危機破壞性的程度不同來選用合適的干預模式。常見的干預模式有電話干預、面談干預及社區性危機干預等。

五、爭取主流媒體的合作支持

眾多傳播溝通手段中，主流媒體是中堅。它承擔著引導輿論、凝聚人心的重任，它營造的新聞輿論場比哲學、道德、宗教等意識形態更直接、更廣泛地影響著政府活動、群眾情緒和社會輿論。因而，在危機事件的特殊環境下，必須採取一切措施取得主流媒體的通力合作。主流媒體的宣傳基調對整個事件的報導起著導向性作用，爭取主流媒體的合作支持，是危機事件順利解決和減輕及避免社會心理問題的關鍵。要取得主流媒體的合作支持，一方面要尊重新聞報導的自由，主動客觀地向媒體提供資訊，另一方面要正確對待媒體的不客觀甚至是錯誤的報導，藝術地化解與媒體的矛盾。

六、幫助公眾理性認識危機

媒體及時、客觀、充分地報導危機的真相、動態、組織的有效應對以及公眾如何應對，可以安撫公眾的情緒、引導公眾正確認識危機並積極應對。只有深入其中，抓住問題的要害進行報導才能產生強勢影響力。往往在重大的突發性事件面前，大多數公眾都缺少理性分析和分辨的能力。

事實上，人們對事件的恐懼與真實危機並不相符，往往是遠遠超過危機本身。因此，要消除恐慌和傳言，必須引導公眾正確認識危機，澄清事實，樹立信心。尤其大型的社會危機過後，由於人們處在危難之中，利用主流媒體報導一些在非正常生活狀態下的人們表現出的剛勇、信心、寬容、樂觀以及相互關愛、扶持等優良精神品質，可產生良好的社會示範效應，形成強大的精神力量。

七、發揮權威人士的影響力

危機事件中的權威人士是指有關專家，他們的言語、行為對社會公眾具有示範效果，是公眾關注的焦點，必須充分發揮他們的影響力，加強對公眾心理的疏導。

1.展示領導人的正面影響力

領導人的影響力(Influence Force)是指領導人在交往和領導活動過程中，影響和改變他人心理與行為的能力。一個群體或組織的領導人，要實現有效的領導，必須具有影響力。領導人對社會的影響程度與社會進步、社會安定成正比關係。領導人是處理危機事件中的管理者、決策者，他們的一舉一動對民眾具有舉足輕重的影響作用。

人類在外表形式上，對於德高望重、功勳卓著的領導人，很容易產生崇拜心理，並將其視為自己行為的楷模，某一群體的全體成員往往以能聚集在一位英明精幹的領袖人物週圍而感到自豪、充實和驕傲。現代行政理念認為，以領導者個人風采為核心的親民形象，是政府號召力的重要來源之一。無論危機事件多麼危險，領導人都要衝在應對危機的第一線，這樣才能激發起廣大民眾應對危機的積極性，團結一致，共同面對。面對突發的危機事件，領導人應保持冷靜，不能表現出任何驚慌和不知所措，要給公眾以戰勝危機的勇氣和信心。越是重大事件，人民越是依賴政府，渴望領導者站在他們中間，領導他們戰勝困難。群眾的期待，給領導人提供了展示人格魅力的機遇。

2. 發揮專家的作用

組織在社會心理疏導的過程中要注意發揮專家的作用，這裏的專家包括災害專家和社會心理學方面的專家。同時，應該與新聞媒體溝通，不要為了搶賣點做聳人聽聞的宣傳。

任何關鍵資訊的發佈都應儘量得到專家的幫助，也可以通過專家進行傳遞。因為，危機狀態下人們往往更信服專家的意見和建議，專家的參與對穩定社會心理具有重要意義。

此外，還可以利用權威機構在公眾心目中的良好形象，使其成為資訊的傳播者。處理危機時，最好邀請公證機構或權威人士輔助調查，以贏取公眾的信任，這往往對危機的處理能夠起到決定性的作用。例如雀巢公司在「奶粉風波」惡化後，成立了一個由 10 人組成的專門小組，監督該公司執行世界衛生組織規定的情況，小組人員中有著名醫學家、教授、大眾領袖乃至國際政策專家，此舉大大加強了公司在公眾心中的可信性。

心得欄 ------------------------------

案例詳解

◎案例 16　在印度的毒氣洩漏慘案

一、案例介紹

這是一起震驚世界的毒氣洩漏事故，是有史以來最嚴重的一次工業事故，造成無法估量的巨大損失。事後，印度政府向美國聯合碳化物公司索賠 139 億美元，也導致這家大公司在成立 50 週年之際一蹶不振。

美國聯合碳化物公司是在 1917 年由林德氣體產品公司、國民碳素公司、聯合碳化物公司以及它們的子公司在紐約合併而成。1920 年建立了碳化物和碳化學公司，成為美國最早生產石油化工產品的企業之一。1957 年改名聯合碳化物公司。

業務龐大的公司在 1984 年卻陷入了一場災難，致使該公司多年不振。

1984 年 12 月 2 日子夜，印度博帕爾市郊聯合碳化物公司農藥廠的一個儲氣罐的壓力在急劇上升。儲氣罐裏裝的 45 噸液態劇毒性甲基異氰酯，是用來製造農藥西維因和涕滅威的原料。1984 年 12 月 3 日零時 56 分，儲氣罐閥門失靈，罐內的劇毒化學物質洩漏了出來，以氣體的形態迅速向外擴散。一小時之後，毒氣形成的濃重煙霧已籠罩在全市上空。

從農藥廠漏出來的毒氣越過工廠圍牆首先進入毗鄰的貧民

區，數百居民立刻在睡夢中死去。火車站附近有不少乞丐怕冷擁擠在一起。毒氣瀰漫到那裏，幾分鐘之內，便有 10 多人喪生，200 多人出現嚴重中毒症狀。毒氣穿過廟宇、商店、街道和湖泊，飄過 25 平方英里的市區。那天晚上沒有風，空中瀰漫著大霧，使得毒氣以較大的濃度繼續緩緩擴散，傳播著死亡。

在這次災難中，中毒人數達 20 多萬人，10 多萬人終身殘廢，5 萬人雙目失明，3000 多人死亡。對於死者來說，他們經歷了短暫而又悲慘的痛苦就離開了人間，而對於那些可憐的倖存者來說，悲劇、痛苦才剛剛開始，人們喪失能力，他們的孩子簡直成了癡呆兒。事故發生後，博帕爾降生了許多畸形怪胎，博帕爾被人們稱為「死亡之城」。

這是一起震驚世界的毒氣洩漏事故，是有史以來最嚴重的一次工業事故，造成無法估量的巨大損失。事後，印度政府向美國聯合碳化物公司索賠 139 億美元，也導致這家大公司在成立 50 週年之際一蹶不振。

造成這次事故的最直接原因是農藥廠將原先設計互不連通的安全閥排氣孔總管道與技術流程中的排氣孔總管道用軟管連通，致使貯罐進水，引起化學反應而使毒氣惡性洩漏。

該廠在製造農藥西維因時，是用一根導管將甲基異氰酸酯從貯罐送至反應釜，在反應釜中經過一系列的反應後經常剩有少量反應物。大多數化學公司都將其回收，並儘量再循環利用。經過分離之後將甲基異氰酸酯中的雜質除去，然後，再返回貯罐。由於聯合碳化物公司的淨化裝置不能正常運轉，雜質透過排氣管和軟管進入貯罐發生化學反應，導致溫度升高，壓力增大，最終毒氣從貯罐噴出。

本來，如果安全預防系統時時處於良好狀態，並且定期清除貯罐內的雜質並及時檢測；如果各種監測儀器、儀錶反應靈敏；如果操作人員責任心強，具備應有的操作技術和安全知識，並能按要求做好工作，那麼，即使有雜質進入貯罐，甚至已引起化學反應，洩漏事故也是可以避免的。但實際情況卻是事故發生時該廠的 5 個安全系統都未在正常工作狀態，有的裝置正在修理，有的因缺少配套設備而閒置一旁，工人又缺乏必要的防護知識，最後釀成慘禍。因此，對於事故的發生，聯合碳化物公司負有不可推卸的責任。

當位於美國康乃狄格州的聯合碳化物公司總部得到災難消息時，採取了如下行動：

⑴立即向全世界各地的分公司發出指令，停止該種氣體的生產和運輸。

⑵危機當天，公司在康乃狄格州舉行了新聞發佈會。公司向與會記者表示，它們正在向印度方面提供幫助，並成立技術專家小組調查事故原因。

⑶派出一個由 1 名醫生、4 名技術人員組成的小組赴印度調查事故原因。

⑷第二天，公司董事長沃倫· 安德森冒著被逮捕的危險飛到了印度博帕爾做第一手調查。到 1984 年 12 月 7 日星期五那天，總共有超過 2000 的當地居民死亡，另有兩萬多人因中毒得病。

⑸董事長沃倫· 安德森在被印度官員釋放後說道：「我現在最關心的是那些受災難影響的人們。」這句話立刻引起了大家的共鳴。在他的聲明中沒有提到他被印度政府逮捕的事。

整整一個多月，這一事件成了新聞報導的熱點。聯合碳化物公司為此付出了巨大代價。一時間新聞媒體的記者、環境組織的代表、政治家、毒氣專家都介入了這場災難。有關博帕爾事故的報導在幾小時裏就出現在報紙的頭版，成了頭條新聞，電視廣播也在主要的新聞節目中對事故進行專門報導。整整一個多月，這一事件成了新聞報導的熱點。

儘管博帕爾災難是一個突發性的事故，但事實上還是有可能抓住處理危機的主動權。聯合碳化物公司基本上做到了這一點，危機當天公司就在康乃狄格州的一家飯店舉行了新聞發佈會，當時新聞發佈會內的會議大廳裏擠滿了記者，到會的記者們提出了許許多多的問題，當然大部份是帶有猜測性的。

那時的情況非常緊急，記者們都被要求要儘快報導這起事件。聯合碳化物公司能告訴記者們的就是公司正向印度方面提供幫助，如送去醫療設備和防毒面具、派出醫務人員等。最後公司宣佈它正派去一個技術專家小組檢查工廠的情況並調查事故的原因。

總體上看，聯合碳化物公司基本上擺脫了被動的地步，逐步贏得了主動權。

二、案例分析

危機的發生都帶有一定的突發性。如果企業不預先制定完善的危機防範策略，並在危機的最初階段對其態勢加以控制的話，那麼危機造成的連鎖反應將是一個加速發展過程，從初始的損失，直至苦心經營的品牌形象和企業信譽毀於一旦。

博帕爾事故是一個典型的危機事件。事故的嚴重性及其所造成的恐慌令全球震驚。美國聯合碳化物公司在事故發生後所需處理的問題，與任何一個組織面臨危機時所遇到的問題都是一樣的，它是一場人類的災難。

這個震驚世界的慘案，聯合碳化物公司應負全部責任。由於疏忽管理與安全教育，致使工人的安全意識和防護知識欠缺，事故來臨時無法採取有效的措施，導致最終釀出慘禍。最後，聯合碳化物公司之所以能夠擺脫被動的局面，完全是因為公司堅持了危機管理的基本準則。危機管理的整體運作關鍵是要做好以下幾點：

第一，保持清醒。

危機會使人處於焦躁或恐懼之中，令人心神不安。所以，企業高層管理者在危機處理中應保持清醒，以「冷」對「熱」、以「靜」制「動」，鎮定自若，以減輕企業員工的心理壓力，給外界一個堅強幹練的形象。

第二，統一觀點，形成共識。

在企業內部迅速統一觀點，對危機形成一致的認識，包括好的和壞的方面。這樣做的好處是可以避免員工的無端猜測，從而穩住陣腳，萬眾一心，共同抵抗危機。

第三，組建團隊，各負其責。

一般情況下，危機處理小組的組成由企業的公關部成員和企業中涉及危機的高層主管直接組成。這樣，既可以保證高效率，又可以保證對外口徑一致，使公眾對企業處理危機的誠意感到可以信賴。

第四，謹慎決策，迅速實施。

由於危機瞬息萬變，即使信息匱乏，危機決策也要迅速，任何模糊的決策都會產生嚴重的後果。企業必須最大限度地集中決策使用資源，迅速做出決策，系統部署，付諸實施。

第五，利用資源，借助外力。

當危機來臨時，企業不要把自己看作是唯一可以挽救自己的救世主，而是應該和政府部門、行業協會、同行企業及新聞媒體充分配合，聯手對付危機，在眾人拾柴火焰高的同時，增強影響力。

第六，標本兼治，消除危機。

要真正徹底地消除危機，需要在控制事態後，及時準確地找到危機的癥結，對症下藥，從根本上解決問題。如果僅僅停留在治標階段，就會前功盡棄，甚至引發新的危機。

以上六個方面的工作是企業處理危機時必須做到的，如果其中任何一個環節出了問題，那麼這個危機的整體性處理就是不成功的，其結果就會給企業帶來一定的損失。

心得欄 ------------------------------

第9章

危機處理的執行計劃

重點解析

在危機管理中，任何企業即使監控做得再好，也不能保證「萬無一失」。因此只有事先做好準備，才能在危機爆發時儘量減少損失。

危機處理計劃與其他一般計劃最大的不同之處在於一般的計劃制定後都要付諸實施，而危機處理計劃是在緊急狀態下才實施的計劃，企業希望最好沒有啟動危機計劃的機會。企業一般很少進入緊急狀態這意味著危機處理計劃制定後，很可能在相當長時間內擱置不用。這使得很多管理者把希望寄託在不發生危機和危機發生後的隨機應變上，而不願意花時間考慮和制定危機處理計劃。

危機處理計劃的全過程如圖 9-1 所示：

圖 9-1　危機處理計劃全過程

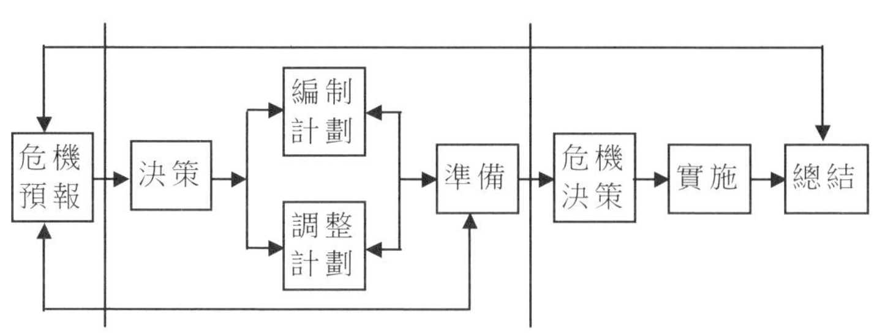

需要說明的是在危機預報的基礎上，對緊急狀態下預控和處理危機的決策包括組織指揮、專業隊伍、行動方案、物資裝備、通訊聯絡、培訓演練等內容，我們應據此編制計劃，並依照計劃做好準備工作。由於情況是不斷變化的，因此我們還要不斷進行追蹤決策，並依據決策對計劃進行調整。

危機一旦爆發，危機處理計劃就要付諸實施。一般來說，實施內容要根據危機爆發時的實際情況而定，所以與危機處理計劃並不完全一致。在危機管理的最後階段，要對危機處理計劃進行評估總結，提出修改意見。

一、確立核心小組

危機機爆發時，怎樣把各種人員組織起來，這是危機處理計劃首先要明確的內容。

危機處理領導小組是危機處理組織的核心。基於危機的類型不同，領導小組的人員構成也往往不同。技術開發危機需要專業的技術開發人員，財務危機需要財務專家，人事危機需要有經驗的人事工作者。總之，應當根據不同的危機，靈活而定。

例如美國航空業的危機處理計劃中，危機處理領導小組的負責人主要來自系統運行控制部門，其他人員分別來自公司的公共關係部門、飛行運行部門、飛行安全部門、保密部門、飛行員工的所屬部門、銷售/乘客服務部門和醫療部門等。根據不同情況，其他參加領導小組的人員可能來自食品供應部門、人事部門、內部通訊部門、財務部門，美國國務院的代表也可能在必要的時候參加進來。而且，這個領導小組的組成人員不是固定的，在一場長時間的危機中，會發生人員更替，更優秀的人員換下他們自己部門那些不合格的代表。

二、慎選新聞發言人

當危機爆發時，很多新聞單位會派記者採訪。他們提出的各種問題，與發言人的回答都會被轉換成非技術性語言傳播出去，對企業形象造成重大影響。因此要慎選發言人。

在危機處理計劃中，正式發言人一般可以安排總經理或廠長等主要負責人擔任，因為他們能夠準確地回答有關企業危機的各方面情況。但是，如果危機涉及技術問題，那麼就應當指定定分管技術的負責人來回答技術問題；如果危機主要涉及法律問題，那麼，企業的法律顧問則是最好的發言人。

正式的發言人應該具備那些要求呢？

一般來說，正式發言人應該頭腦清晰，思維敏捷，有較強的口頭表達能力；他應當能夠最好地表達、解說和捍衛企業的立場；他應是危機處理領導小組的成員，瞭解整個事態，又有足夠的權威。

值得一提的是危機爆發時，新聞單位、當事人員的親屬朋友、社會上關心事態的公眾，都會打電話到企業來瞭解情況。這樣，電話總機值班員就成了企業構築的第一條信息防線。她們的發言同樣要慎重安排：

1. 當接到詢問危機的電話時，她(他)們應知道找誰聯繫，誰負責介紹危機簡況；

2. 若發生重大涉外危機，她(他)們要會說外語；

3. 當潮水般的電話湧來時，其中不免有情緒急躁甚至會罵人者，她(他)們要能冷靜地控制住自己的情緒。必要情況下，要對她(他)們進行心理測試和訓練。

三、訓練一隻專業隊伍

專業隊伍是處理危機的骨幹力量，如火災中的消防隊、鐵路事故中的救援列車等。危機處理計劃應明確專業隊伍的組成、任務和工作要求。

以鐵路局為例，鐵路局提出的事故救援任務和工作要求是，接到調令後救援列車應在半個小時內出動，修復時間應控制為以客車一小時以內，貨車兩小時以內。

救援隊伍的組成有救援列車、救援隊、救援小組和救援班四種。其中救援列車定員一般為 20～26 人；救援隊一般定員 15～20 人，隊員由車務、機務、車輛、工務、電務、水電、公安、醫務等人員組成。設隊長一人，由車站站長或車務段段長擔任。

事故救援小組通常每隔三個車站設一個，由 8～12 人組成，包括車站、工務、電務工區人員，組長由各站長擔任。

在救援列車所在地，臨時組成事故救援班，由站、段長擔任班長，成員包括機務車輛、工務 10～15 人。

四、通訊系統

在危機處理過程中，通訊是整個危機緊急預控和處理工作的神經系統，其作用是危機處理的重中之重，因此危機處理計劃必須將其放在首位。

對於通訊的忽視，有許多教訓值得我們警惕。

例如在 1983 年 7 月的大洪災中，從下午 2 時 20 分發出「第一號命令」到洪水破城，中間足足有四、五個小時，但是，由於最起碼的報警通訊系統不完善，如高音喇叭少得可憐，有些家庭根本沒安裝有線廣播，致使命令無法通知到每一個人。於是在 5 點多鐘，不少商店企業仍在營業上班時，6 點鐘 3 萬人仍沒有撤出城時，洪水來臨了。危機通訊系統的嚴重缺乏，不能不說是造成水災重大損失的重要原因之一。

案例詳解

◎案例 17　英國石油墨西哥灣漏油浩劫

一、案例介紹

這是 2010 年 4 月 20 日 10 時左右發生在美國墨西哥灣的原油洩漏事件。事件危害之大，影響之深，單就美國路易斯安那州、阿拉巴馬州、佛羅里達州的部份地區以及密西西比州先後宣佈進入緊急狀態，美國政府將這次事件列為「國家級災害」，肇事者英國石油因此瀕臨破產就可知事態之嚴重。

那麼，這次危機事件是如何爆發的，又反映出了英國石油公司內部管理存在那些深層次問題及風險？

1. 英國石油，世界能源巨頭

英國石油公司是目前世界上最大的石油和石化集團公司之一，是由前英國石油、阿莫科、阿科和嘉實多等公司整合重組而成，總部設在英國倫敦。其主要業務是油氣勘探開發、煉油、天然氣銷售和發電、油品零售和運輸以及石油化工產品生產和銷售。為適應其廣泛及多樣化業務活動的需要，自 1981 年以來，公司先後建立了 12 個下屬分公司。英國石油公司目前的資產市值約為 2000 億美元，擁有逾百萬股東，公司近 11 萬員工遍佈全世界，在百餘個國家擁有生產和經營活動。2003 年，英國石油在《財富》雜誌的全球 500 強中排前五名，名列歐洲 500 強之首。2009 年英國石油實現銷售和其他經營收入約 2390 億美元，年度淨利潤約 167 億美元。

2.深海危機，漏油事件爆發

⑴爆炸

當地時間 2010 年 4 月 20 日晚 10 點左右，美國南部路易斯安那州沿海一個石油鑽井平台起火爆炸，造成 7 人重傷、至少 11 人失蹤，當局立即派出船隻和飛機在墨西哥灣展開搜索行動，希望能發現救生船或倖存者的蹤跡。爆炸發生後，平台上 126 名工作人員大部份安全逃生，其中一些被爆炸和大火嚇壞了的工人紛紛跳下 30 米高的鑽塔逃生，另有一些人則選擇了救生船。這一鑽井平台建於 2001 年，由越洋鑽探公司擁有，事發時與英國石油公司簽有生產合約。

⑵漏油

2010 年 4 月 22 日，「深水地平線」鑽井平台爆炸沉沒約兩天，海下探測器探查顯示，鑽井隔水導管和鑽探管開始漏油，估計漏油量為每天 1000 桶左右。租用鑽井平台的英國石油公司出動飛機和船隻清理海面浮油，但因天氣狀況惡劣，清理工作受阻。

2010 年 4 月 28 日，美國國家海洋和大氣管理局估計，在墨西哥灣沉沒的海上鑽井平台「深水地平線」底部油井每天漏油大約 5000 桶，5 倍於先前估計數量。然而英國石油公司否認了這一數量估計，認為之前估計的日漏 1000 桶左右應該是準確的。當天油井繼續漏油，工程人員又發現一處漏油點。為避免浮油漂至美國海岸，救災人員著手試驗燒油。救災人員把數千升洩漏原油圈在欄柵內，移至距離海岸更遠海域，以「可控方式」點燃。

海岸警衛隊官員瑪麗· 蘭德裏 2010 年 4 月 28 日在一場新聞

發佈會上說，租用「深水地平線」的英國石油公司工程人員發現第三處漏油點。海岸警衛隊和救災部門提供的圖表顯示，浮油覆蓋面積長 160 公里，最寬處 72 公里。從空中看，浮油稠密區像一隻隻觸手，伸向海岸線。

當地時間 2010 年 4 月 28 日下午前，浮油「觸角」已伸至距路易斯安那州海岸 37 公里處海域。美國國家海洋和大氣管理局專家查理· 亨利預計，浮油可能將於 30 日晚些時候漂至密西西比河三角洲地區。路易斯安那州州長博比· 金德爾呼籲聯邦政府提供更多援助。金德爾說，路易斯安那州一處沿海野生動物保護區或將首當其衝，受到浮油破壞。路易斯安那州、密西西比州、佛羅里達州和阿拉巴馬州已在海岸附近設置數萬米充氣式欄柵，圍成一道防線，防禦浮油「進犯」。

2010 年 4 月 29 日，堵漏作業仍在繼續。英國石油公司先前嘗試用水下機器人啟動止漏閘門，未能成功。工程人員定於 29 日打一口減壓井，以遏制原油洩漏，預計耗資上億美元，工期長達數月。工程人員還考慮建造一個罩式裝置，把浮油罩起來，而後用泵把浮油抽上輪船。

⑶事故升級

2010 年 5 月 29 日，被認為能夠在 2010 年 8 月以前控制墨西哥灣漏油局面的「滅頂法」宣告失敗。墨西哥灣漏油事件進一步升級，人們對這場災難的評估也愈加悲觀。「墨西哥灣原油洩漏事件已成為美國歷史上最嚴重的生態災難。」美國白宮能源和氣候變化政策顧問卡蘿爾· 布勞納在 5 月 30 日表示，如果現行所有封堵洩漏油井的方法都無法奏效，原油洩露可能一直持續到 8 月減壓井修建完畢後才會停止。

「每天原油洩漏量可能將近 80 萬加侖，而且這一數字很可能接近 100 萬。」據美聯社消息，有科學家在考察墨西哥灣井噴情況後表示，墨西哥灣洩漏的原油量至少比原先估計多兩倍，最高多五倍。而據美國有線廣播公司稱，每天原油的洩漏量達 1.2 萬～2 萬桶。

2010 年 6 月 23 日，美國墨西哥灣原油洩漏事故再次惡化：原本用來控制漏油點的水下裝置因發生故障而被拆下修理，滾滾原油在被部份壓制了數週後，重新噴湧而出，繼續污染墨西哥灣廣大海域。

⑷封堵成功

2010 年 7 月 15 日，監控墨西哥灣海底漏油油井的攝像頭拍攝的視頻截圖顯示，漏油油井裝上新的控油裝置後再無原油漏出的跡象。在墨西哥灣漏油事件發生近 3 個月後，英國石油公司 15 日宣佈，新的控油裝置已成功罩住水下漏油點，再無原油流人墨西哥灣。

英國石油公司是在對漏油油井進行「油井完整性測試」後宣佈這一結果的。該公司於 10 日卸除了舊的控制漏油裝置，換上了新的控油罩。據美國媒體報導，接下來需要觀察新控油罩封住漏油後，是否造成油井其他地方出現漏油點。

英國石油公司管理人員此前曾表示，即使新裝置能完全控制漏油，英國石油公司將繼續打減壓井，因為這是永久性封住漏油油井的最可靠方法。

3.影響巨大，多方利益受損

⑴給墨西哥灣地區及美國經濟帶來沉重打擊

石油、漁業、旅遊和運輸是墨西哥灣地區的四大主要產業，每年創造的生產總值約為 2340 億美元，其中石油產業為 1240 億美元，佔墨西哥灣經濟總量的一半以上。

漏油事件對該地區經濟乃至奧巴馬政府經濟政策最直接的打擊就是暫停近海石油勘探開發。奧巴馬 5 月底宣佈禁止未來 6 個月啟動深海石油鑽井新項目，並決定中止在墨西哥灣進行的 33 個鑽探項目。一些參議員日前致信奧巴馬稱，如果禁令持續到 6 月底，美國淺水石油開採的損失將達到 1.35 億美元。墨西哥灣海域半年的開採禁令會給石油業帶來巨大損失。一些投資公司估計，政府的赤字將由此增加數百億至上千億美元。鑑於油污染對墨西哥灣沿岸地區經濟帶來的巨大衝擊，正在緩慢復蘇中的美國經濟有可能再遭重創甚至導致二次觸底。

漏油事故對墨西哥灣地區漁業、旅遊業等損失也非常嚴重。到 6 月 2 日為止，墨西哥灣美國專屬經濟區內禁漁水域達 22.8 萬平方千米，佔該區域面積的 37%，和 5 月 18 日時相比翻了一倍。漏油事件不僅直接打擊墨西哥灣沿岸年產值為 18 億美元的漁業，其影響也將延伸到美國其他地區，因為墨西哥灣地區提供全美消費的海產品佔 15%。旅遊業的損失同樣巨大，在媒體持續不斷地對漏油事件進行報導後，該地區旅遊黃金季節遊客訂單數量急劇下降，以密西西比州為例，該州墨西哥灣旅遊委員會透露，取消的旅遊訂單已佔訂單總量的一半。

⑵給生態環境帶來災難性影響

原油洩漏事件對墨西哥灣地區陸地和海洋生態的影響是歷史上最為深遠的。本次漏油事件影響了墨西哥灣沿岸的路易斯安那州、密西西比州、阿拉巴馬州和佛羅里達州等。其中，路易斯安那州濕地佔美國總濕地面積約 40%，是數十種鳥類和魚類的家園，初夏季節正是各種生物繁殖生長的時機，洩漏的原油對鳥類的繁殖影響非常大。

更令人痛惜的是，在受污染海域的 656 類物種中，已造成大約 28 萬隻海鳥，數千隻海獺、斑海豹、白頭海雕等動物死亡。據《美國國家地理雜誌》報導，原油洩漏將使該海域的藍鰭金槍魚、棕頸鷺、抹香鯨、環頸鶴、牡蠣、浮游生物、褐鵜鶘、海豚、海鷗和燕鷗等受到嚴重生存威脅，而蠵龜、西印度海牛和褐鵜鶘 3 種珍稀動物更將由此滅絕。而《時代》雜誌報導稱，原油沿著河流和水道侵入墨西哥灣北岸內陸數百千米處的沼澤和濕地，部份區域水質像「巧克力糖漿」一樣黏稠，而濕地遭到污染就像海綿浸了油污一樣，清理難度很大。總部位於佛羅里達的國際鳥類救助研究中心目前正受僱於英國石油公司負責清理受到「油浸」的鵜鶘。該中心預計受污染的鳥類數量會迅速上升，有些鳥類和魚類已經死亡。

就海洋而言，墨西哥灣方圓上千平方千米的海域遭到污染。沿岸各州大學和研究機構紛紛派出考察小組，科學家們指出有些已經形成油污團無法清理，並指出水下油污團對海洋生物和食物鏈有潛在的嚴重影響。此外，洩漏的原油對沿岸居民和清理人員的健康已經帶來不良影響。

⑶給英國石油公司帶來重大損失

作為肇事者，英國石油公司損失慘重。

漏油事件爆發後，由於擔心此次惡劣的事件將拖垮巨大的英國石油公司，華爾街流行這樣一個猜測——英國石油將面臨破產，尤其是成為併購的一部份，以此來擺脫石油洩漏產生的負債。而為緩解突如其來的財務壓力，保證賠償和公司日常經營，英國石油公司發佈 2010 年第二季財報時宣佈，公司未來變賣的資產規模將達到 300 億美元，超過 2009 年公司總資產(2360 億美元)的 1/10。似乎印證了華爾街的部份猜測。截至 2010 年年底，英國石油已共計花費 409.35 億美元直接用於彌補漏油帶來的損失。

除此以外，此次事故還大大影響了英國石油後期在墨西哥灣地區的油氣開採業務，打擊其金融市場表現，嚴重損害公司信譽。

英國石油公司在其截至 2015 年的 42 個新規劃項目中，有 11 個設在墨西哥灣地區。2009 年，「深水地平線」鑽井平台在泰博油田鑽探的一口油井，深度比珠穆朗瑪峰還多 1800 米以上。在「深水地平線」鑽井平台附近，英國石油公司還擁有一個「雷馬」鑽井生產平台，面積有足球場大小，價值 50 億美元，每日出油 25 萬桶。然而，目前已經全部停止了作業活動。

另外，受原油洩漏事件影響，英國石油公司在紐約證券交易所的存托股票價格於 2010 年 6 月 9 日上演跳水一幕。該公司股價收盤於 29.2 美元，較前一日下跌 15.8%，不及 4 月 20 日收盤價(60.48 美元)的一半，創 1996 年 8 月以來的新低，市值也縮水一半以上。6 月 15 日，英國石油的股票在倫敦市場下跌至 342 便士(約 5.45 美元)，是自 1997 年以來的最低收盤價。自 4 月 20 日漏油事件發生到 6 月初，英國石油公司股票下跌了 48%，市值蒸發超過 1000 億美元。

2010 年 6 月 3 日，兩家權威評級機構惠譽國際信用評級公司和穆迪投資者服務公司分別下調英國石油公司的信用評級。惠譽將英國石油公司的長期發行人違約評級和高級無擔保評級從 AA+下調至 AA，穆迪則將該公司的長期債務評級由 Aa1 下調至 Aa2。2010 年 6 月 5 日，知名評級機構標準普爾宣佈，受墨西哥灣漏油事件的影響，決定將英國石油公司(英國石油)的長期信用評級從 AA 降至 AA-。此外，標準普爾將英國石油的前景評級降至負面，即未來可能進一步調降英國石油的信用評級。2010 年 6 月 15 日，惠譽國際信用評級有限公司再次將英國石油公司的長期發行人違約評級連降 6 個級別至 BBB，距離垃圾級別只有兩級。

二、案例分析

對於公眾而言，危機的爆發可能是「從天而降」；但對於企業而言，任何危機的背後必然是內部控制不足，風險管理不力。事後，大量的調查資料顯示，此次漏油事件是完全可預見和可避免的，而英國石油公司自恃擁有長久的採油作業歷史和先進的技術而對存在的風險麻痹大意、熟視無睹，未及時採取措施對風險實施有效控制，最終導致了幾乎無法掌控的局面。下面就讓我們來分析一下，英國石油在此次漏油事件中暴露出了那些內部控制問題。

1. 公司管理層社會責任意識淡薄

其實，英國石油公司並不是第一次發生類似的安全生產事故。2005 年，英國石油公司位於德克薩斯城的一家煉油廠發生爆炸，15 名工人死亡；2006 年 3 月，英國石油公司運營的美國阿拉斯加北部普拉德霍灣油田管道漏油 26.7 萬加侖；同年 8 月，普拉德霍灣油田又因油管嚴重腐蝕發生原油洩漏而被迫關閉。一次次生產事故的「重覆發生」，卻得不到遏制，直接的原因可能是生產管理上的疏忽、安全意識不強，而更深層次的原因卻是英國石油公司高層社會責任意識的淡薄。另外，英國石油公司在洩漏事件發生後的很長一段時間內，一直在迴避自身的責任，甚至在事故內部調查報告中指出，油井爆炸的大部份責任均與英國石油無關，而將矛頭指向平台所有者瑞士越洋鑽探公司和負責油井施工的美國哈利伯頓公司，更反映出公司對社會責任的漠視。

當然，墨西哥灣原油洩漏並不只是英國石油公司一方的責任，而它卻成為事件爆發後社會集中討伐的對象，這正說明了社會責任的重要性。企業應將社會責任融入其核心價值體系中，構建社會責任導向的企業文化；將社會責任融入日常管理體系中，建立相應的制度，設立相應的機構，例如社會責任管理委員會等，完善企業組織架構和治理結構；將社會責任融入戰略管理體系中，在戰略制定、執行過程中充分考慮社會責任因素的影響，制定以社會責任為導向的發展戰略。

2. 過分降低生產成本

為了獲取更大的利潤，企業總要在成本上下工夫。但海上石油開採本來就是高投入、高風險作業，如果再在必要成本支出上「節儉」，那無疑是一種賭博。而英國石油公司為追逐利潤，卻熱衷於削減成本。據報導，降低成本是英國石油公司制定鑽井計劃時考慮的重點。美國《紐約時報》援引英國石油公司內部文件報導，管理層在選擇「深水地平線」油井套管時將範圍縮小到兩款套管。儘管清楚知曉其中一款風險高於另一款，管理層卻最終選定風險較高的那款。雖然多名工程師向企業管理層提交內部報告，認為這款金屬套管可能在高壓下「崩潰」，英國石油仍然堅持使用了這款套管，只因這款金屬套管成本更低。

在事故發生後，面對公眾對於為什麼沒能及時遏止油井漏油的質問，英國石油公司承認，「深水地平線」「沒有遏止深水石油洩漏的設備」，因為此前，他們一直認為，在美國進行深海鑽探，幾乎不可能發生事故。為了節省成本而在生產程序上偷工減料，就是因為這個「幾乎不可能」？心存僥倖的英國石油最終還是為此付出了沉痛的代價。跟隨著墨西哥灣奔湧而出的原油，轉眼間，英國石油已來到了破產的邊緣。

3.安全生產的日常管理不到位

英國石油公司將出事海域的深海鑽探工作外包給了瑞士越洋鑽探公司(Transcocean)，正是承包方鑽探設備出現問題，才導致了原油洩漏事件的發生。海沃德雖試圖極力推卸責任，但英國石油公司因其「疏鬆」的監管卻難辭其咎。海沃德本人也承認需要對鑽探設備進行更多的監察。據報導，在爆炸發生的當天，事故油井管未通過一項關鍵的壓力測試，套管混凝土並未完全凝固，但就在爆炸前不到 2 小時，英國石油公司高管決定終止測試，繼續施工。

另外，疏於對安全生產設備的日常維護，也是導致漏油事件發生的重要原因。海上鑽井平台一般會在井口處安裝防噴閥，作為防止漏油的最後一道屏障。然而，當「深水地平線」爆炸後，防噴閥並未正常啟動，沒能及時關閉油管。據美國眾議院一項初步調查結果顯示，防噴閥的一個關鍵水壓系統存在明顯的漏口，緊急啟動防噴閥的開關可能在事發時失效。更有證據顯示，啟動緊急開關的一個電池在爆炸發生時已經無效。由此可見，英國石油公司沒有對相關設備做好充分的日常維護，從而導致災難發生時不能及時加以控制。

為保障安全生產，企業應當設立安全管理部門和安全監督機構，加強對安全生產的日常監督管理。另外，監督機構的績效考評應與安全生產掛鈎，獎罰分明，督促其發揮應有的作用。同時要健全檢查監督機制，確保各項安全措施落實到位，不得隨意降低保障標準和要求。企業還應當加強生產設備的經常性維護管理，及時排除安全隱患。

4. 安全生產預警機制和事故應急處理機制缺失

企業應當建立安全生產的預警機制和事故應急處理機制，以及時防範和應對風險。英國石油公司海上鑽井平台在爆炸前已顯露了災難發生的徵兆，如壓力測試顯示井內天然氣壓力異常、混凝土未完全凝固等。然而，英國石油公司並未採取有效控制措施認真處理這些異常現象，並最終致使爆炸發生。

而在事故發生後，英國石油公司卻應對乏力，行動緩慢。例如，英國石油公司在事故發生後 3 週仍未能讓運到事故現場的、用來阻止原油洩漏的巨型設備正常運轉。由此，不禁讓人追問，英國石油公司最基本的應對災難的措施與設備在那裏？事實上，英國石油公司也確實在事故應急處理方面缺少必要的準備。如挪威和巴西等在海上作業的主要產油國都要求安裝關閉油井的遙控閥門，而英國石油公司卻一直未安裝。

建立有效的預警機制能夠幫助企業發現潛在的安全生產隱

患，將事故發生率降到最低。而當事故發生時，科學的應急處理機制能夠使企業在第一時間內應對和做出反應，也能夠最大限度地降低損失。英國石油公司在施工出現異常現象時，未認真應對，當事故發生後，又沒有一個有效的應急機制，最終使「隱患」變「事故」，「事故」成「災難」。

2012 年 4 月 20 日，在美國墨西哥灣原油洩漏事件發生兩週年之際，英國石油公司也終於以 372 億美元的高額賠償了結了因漏油引發的民間索賠訴訟，然而事情還沒有完全結束。

等待英國石油公司的，還有來自美國政府、墨西哥灣沿岸各州以及鑽探合作夥伴越洋公司和哈利布頓公司的指控，以及美國政府開出的高額罰單。最新消息顯示，英國石油公司已接近與美國監管機構就墨西哥灣漏油事件達成和解，這意味著該公司可能需要再支付 110 億美元。

心得欄

◎案例 18　普利斯通公司輪胎召回事件

召回制度，就是投放市場的產品，發現由於當時不可預見的設計或製造方面的原因，存在缺陷，不符合有關的法規、標準，有可能導致安全及環保問題，廠家回收已投放市場的產品進行改造或處理，以消除事故隱患。

同時，廠家還有義務讓用戶及時瞭解有關情況。召回制度不同於一般的產品品質保證，它發生的概率很小，在發生前很難對它可能影響的範圍、金額做出合理估計；而一旦發生，它又會對製造廠商的損益產生重大影響，如果處理得不好，甚至關係到企業的品牌和生存。

一、案例介紹

2000 年 8 月 9 日，日本普利斯通公司的子公司普利斯通/費爾斯通公司(簡稱 BFS 公司)在美國發佈輪胎召回公告。

2000 年 9 月 6 日，普利斯通公司首席執行官 Yoichiro Kaizaki 先生正在他位於東京的辦公室和他的危機管理小組進行磋商。他們聚集在那裏正在觀看一場美國國會聽證會。這場聽證會是在 BFS 公司 2000 年 8 月 9 日召回 1440 萬輪胎之後進行的，與會代表指責製造商沒有採取足夠的措施來防止和輪胎有關的數百起交通事故。

這些交通事故絕大部份與福特汽車公司的暢銷運動型汽車「福特探險者」有關。在這種汽車上，費爾斯通輪胎是一種外包生產的原裝配件。這次聽證會事關重大，它不僅影響公司將近一個世紀的企業聲譽，也將影響福特公司與 BFS 公司近百年的合作關係。

普利斯通公司 2000 年在世界輪胎和橡膠產品市場上處於領先地位，佔據了全球 18.8%的市場佔有率。日本輪胎製造商 1999 年控制了全球輪胎市場 31%的市場佔有率，銷售收入達到 695 億美元。而普利斯通公司長期以來在日本輪胎行業處於領先地位，該公司曾因為成功地收購了一家美國公司而聲名大振。普利斯通在全球輪胎市場非常活躍，它同時向汽車生產商和輪胎生產商出售輪胎，通過他們將輪胎提供給消費者。

普利斯通公司的前身是普利斯通輪胎公司，成立於 1931 年。創始人的家族姓氏叫「石橋」，他的家族企業從制鞋業進入輪胎業，成為日本第一家輪胎製造企業。到 20 世紀 70 年代末，普利斯通公司的銷售收入達到 20 億美元，利潤達到 1 億美元。之後，普利斯通公司開始進軍北美市場。1982 年，普利斯通公司以 5200 萬美元收購了費爾斯通公司在美國田納西州的一個卡車子午線輪胎工廠。費爾斯通輪胎橡膠公司成立於 1900 年，創始人是哈威· 費爾斯通。該公司最初是美國國內的一個輪胎經銷商，主要銷售運輸車輛和商用車輛使用的固體輪胎，在美國佔據了很大市場，並由此成為美國的一家主要輪胎製造商。

1987 年底，普利斯通公司和費爾斯通公司開始了有關合作的談判。幾個月後，兩家公司達成一致，由普利斯通公司出資 12.5 億美元購買費爾斯通公司 75%的股票。這在當時是規模最大的一項非美國企業對美國企業的收購活動。北美輪胎行業的專家對這次收購並不看好。併購三年之後，BFS 公司的績效很不理想，1990 年虧損 3.1 億美元。到 1991 年春天，BFS 的 6 名董事會成員中，來自日本的管理人員佔 4 名。雖然 Yeiri 先生允諾 1992 年 BFS 公司將扭虧為盈，但他並沒對專家隊伍進行改組。他把希望寄託在普利斯通公司派駐美國的專家 Yoichiro Kaizaki 身上，希望他能挽救虧損的工廠。Yoichiro Kaizaki 當時是普利斯通負責化工產品的高級副總裁。

1993 年，Yoichiro Kaizaki 被提升為普利斯通公司的首席執行官，回到東京，接替了退休的 Yeiri 的職務。

二、案例分析

1993 年，Kaizaki 回到東京。由於橡膠成本上升，日元不斷升值，市場銷售疲軟。Kaizaki 決定大幅削減普利斯通在日本的運營成本。他將管理人員的職位壓縮了一半，建立起扁平化的直線管理組織。過去，普利斯通公司的員工在日本行業裏的收入水準最高，Kaizaki 把員工薪資增長幅度壓到最低。然而，Kaizaki 離開 BFS 公司不久，安全事故和勞資糾紛就紛至遝來，1993 年 10 月，一個工人在 BFS 公司位於奧克拉荷馬的工廠內壓碎了腦袋而氣絕身亡。1994 年 3 月，美國勞工部秘書長羅伯特· 賴斯先生親自視察了這家工廠，並宣佈處以 750 萬美元的安全事故罰款。

Kaizaki 離職後不久，美國橡膠工人聯合工會(URW)的工人運動變得非常激進，1994 年經過重新談判達成了新的勞工協議。工會在與一些主要的輪胎生產商簽訂了所謂的「示範協定」之後，要求輪胎行業的其他企業也接受類似的勞工協議。固特異公司和米其林公司都被迫同意在 3 年內將薪資水準提高 16%。然而，背負 20 億美元債務的 BFS 公司非但不想提高薪資，相反卻打算降低薪資水準。雙方談判達不到合作的結果，談判破裂。1994 年 7 月，BFS

公司位於奧克拉荷馬、迪凱特、得梅因以及諾布林斯維爾等地的 5 家工廠發生了聯合大罷工。罷工迫使 BFS 高價從日本購進輪胎，還延誤了農用汽車輪胎的供貨時間，給公司造成了巨大的損失。儘管如此，Kaizaki 並不想妥協退縮。雖然罷工仍在繼續，普利斯通公司 1995 年財政年度在北美地區的業務預計仍將贏利 1000 萬美元。

1995 年 2 月，當罷工進行到一半的時候，BFS 公司僱用了 2300 多名非工會成員的員工，用以永久性地代替參加罷工的工人。BFS 公司的這種做法也引起了當時美國政府的不滿，但 BFS 公司依然堅持強硬立場，這種強硬立場讓 URW 成員付出了慘重的代價。當一些工人不顧罷工糾察員的勸阻回到工廠時，得到的卻是永久解聘的通知。URW 的力量不斷被削弱。1995 年 5 月，當 URW 最終同意無條件恢復生產時，仍然有大約 1600 名 URW 成員處於失業狀態。

雖然輿論批評不斷，Kaizaki 的改革策略卻收到了非常理想的效果。普利斯通公司和 BFS 公司的利潤都達到了前所未有的水準。1999 年，BFS 公司的員工達到 35000 人，原裝輪胎市場的銷售量達到 7700 萬隻，佔美國全國原裝輪胎市場的 23%；替換輪胎市場銷售量達到 24100 萬隻，佔替換輪胎市場的 17%。

在普利斯通公司被迫召回美國國內的輪胎之前，福特公司自 1999 年以來就開始為其他 16 個國家和地區的汽車更換同樣的或類似的輪胎。費爾斯通品牌的輪胎在厄瓜多爾、馬來西亞、泰國、新加坡和大多數阿拉伯國家都被替換。福特公司自己承擔了替換這些輪胎的成本和費用。BFS 公司則堅持認為輪胎事故是由於惡劣的外部條件或不正確的充氣方式導致的，輪胎製造過程本身並不存在缺陷。2005 年 5 月，福特公司為委內瑞拉境內的 4 萬輛裝備費爾斯通輪胎的汽車更換了輪胎，替換成相同型號的固特異輪胎，而所有被更換的輪胎都產自 BFS 公司在委內瑞拉的工廠。在普利斯通公司內部，由於費爾斯通品牌輪胎出現的品質問題，往往是由 BFS 公司自行解決。

但如果是費爾斯通品牌的輪胎出現了問題，他們總是無動於衷。在生產製造過程中，對於費爾斯通品牌輪胎的控制標準也比普利斯通品牌相對寬鬆，普利斯通允許 BFS 在生產製造過程中擁有相當大的自主權。

三、決策行動

1. 宣佈對費爾斯通輪胎召回的決定

1997 年開始，有關費爾斯通輪胎的糾紛和訴訟不斷增加，相應的訴訟費用也不斷增長，公司內部的季度財務會議上對此也進行過討論。有關爭議和訴訟並沒有引起 BFS 公司領導的足夠重視。到 2000 年 8 月，BFS 公司已經涉人 1500 起由於輪胎品質問題導致的財產損失和人身傷亡的訴訟。其中多數來自加利福尼亞、德克薩斯、佛羅里達和亞利桑那，在保修期內要求更換輪胎的數量還在不斷上升。

2000 年 8 月 8 日，BFS 公司和福特公司聯合發佈對費爾斯通輪胎實行召回的意向。第二天，在福特公司代表的陪同下，BFS 公司的克裏格宣佈了召回輪胎的決定。美國的分銷商西爾斯和羅巴克也早已把費爾斯通輪胎撇下了貨架。消費者要求更換輪胎的需求急劇增長。BFS 公司被迫從日本空運輪胎以滿足消費者的需要。截至 2000 年 8 月底，BFS 估計換掉了大約 100 萬隻輪胎。

2. 君子協定的破裂

在 BFS 公司宣佈召回輪胎之後的一個星期內，福特和費爾斯通之間的君子協定就開始破裂。福特公司開始指責 BFS 隱瞞有關輪胎返修的情況。2000 年 8 月 11 日，福特公司的執行董事馬佐林發表講話要求 Kaizaki 對這場危機承擔「個人責任」。福特公司的首席執行官納瑟發表聲明說：「配備費爾斯通輪胎的福特探險者汽車發生翻車，問題在於輪胎而不在於汽車。」

Kaizaki 對此非常氣憤，他覺得自己被背叛了。「我們在極力與福特公司合作，儘量遵守當時雙方達成的約定。」他說，「但是，他們違背了自己的諾言。」

召回事件對普利斯通公司帶來了巨大的財務損失，股價下跌，訂貨銳減，投資評級也明顯下降。隨著美國國會聽證日期的臨近，福特公司的股價下降了 15%，而普利斯通的股價下跌了 50%。雖然如此，Kaizaki 仍然表示「將竭盡普利斯通集團的全部力量來支援費爾斯通品牌。」

四、決策評價

存在產品召回情況的公司都不盡相同。大量產品產生召回問題，有的是因為設計問題，有的是因為品質問題，也有的是因為新的科學數據發現原有安全的產品現有不安全因素，也有產品是由於被污染或被人為破壞而導致對人有害等情況。

BFS 公司召回輪胎並不是輪胎行業第一次出現產品召回事件。對於輪胎行業來說，經常因為產品品質和設計而進行產品召回，因此輪胎界的管理人員有時對輪胎召回司空見慣，經常對問題的嚴重性缺乏警覺。最開始，BFS 公司超常發展，迅速搶佔了大量佔有率，但其中就隱藏著它的品質問題。

危機發生後，如果公司領導人的心態只是想把門堵上，以期問題自行消解的話，問題永遠不會得到解決。在輪胎問題出現後，BFS公司不願意向消費者和政府通報情況。他們認為這會引起美國和其他國家政府的關注，採取更加激進的應對措施。

從整個普利斯通公司輪胎召回事件中，哈佛商學院教授唐納·薩爾為企業總結了幾點經驗教訓：

1. 要從小的失敗和損失中學習

人在成功時，往往由於慶祝而疏於總結；在遭遇大的挫折時，往往因為太痛苦，也不利於學習。只有小的挫敗，才是最好的學習機會。用小的危機來學習危機管理，反思那裏做得好，那裏還有不足，下一次應如何從事。這樣公司才能逐漸成為一個學習型組織，將危機管理知識系統化。當下一次危機來臨時，公司才有一定的原則來解決。

2. 及時考慮從何種角度來看待危機

危機固然是危機，但從不同方面看，一個危機呈現很不一樣的問題：如這是個商業問題還是法律問題？是短期問題還是長期問題？根據以往眾多危機管理的事例，把著眼點放在公司的長期，站在更廣泛，如社會的、倫理的角度來把握一個危機，會更有助於危機根本性的解決。

3. 善於傾聽外部不同的聲音和資訊

通過對外部不同聲音和資訊的傾聽能夠幫助公司從不同的角度看待問題。這種不同聲音可以來自公司的合作夥伴，用戶、供應商、代理商、政府部門、消費者團體等。

4.要善於運用小危機解決大問題

稱職的管理人員，在他們的頭腦中，一直把危機看作機會。他們為了公司的長遠利益，甚至製造危機以推動公司的變革。

心得欄

第 10 章

危機管理的演練

重 點 解 析

進行演練，即培訓或演習的一個基本原因是，它可以提高參與者對危機的熟悉度和提高處理危機的能力。有效的演練可以降低實際操作過程中人為的錯誤，同時降低現場調配資源的時間耗費。進行任何演練和演習對一個組織來說都有積極的影響，它具有兩個核心的意義：增加對潛在危機的警惕性；增加處理危機的經驗。

具體而言，演練可以顯示對人進行基本的技能性演練及反應任務，然後增加演習的複雜程度和現實性，以加強人在處理類似威脅時的熟悉度和及時反應的能力。大部份人僅僅是通過他們遇到過的自然災害或相似的危機，增加處理危機的經驗。反覆進行演練有助於參加者更適應這樣的環境，更好地處理他們在危機中遇到的各種狀況。事實上，現實中的危機要比演練嚴重得多，現實的危機中到處都會存在干擾因素(警報、閃光燈、拔高的聲音)和肉體上的刺激(煙霧、塵土、高溫和水)，不斷地打擊著反應人員的執行和決策能力。例如，在一家航空公司的飛機墜毀的重要演習中，醫療隊每天都必須穿著極為難受的制服，「這種安全制服太熱了」。但是，如果不穿上制服，沒有正確的視覺標誌，這些人就要為得不到應有的支援(包括水、食物、剩餘時間和空氣冷卻器)負責。

演練的意義主要表現為克服實際危機中出現的基本問題，這些內容主要包括：

1. 使每個成員熟悉他們在危機中的任務和位置，並知道如何應付由於危機時可能出現的混亂導致指揮失靈。

2. 通過演習，調動、組合、部署人員，當危機真正發生時，為管理人員節餘更多的時間。

3. 加強互助，熟悉預案的具體實施。

4. 找到危機狀態下最有效的溝通方式。

5. 體會媒體在危機狀態時如何發揮作用。

6. 學習儘快恢復危機告一段落之後的組織正常狀態。

總之，實地演練可以提高參加者對危機各個方面和結果的熟悉性，同時明瞭他們在完成任務時可能面對的困難。而且，演練的現實性能夠測試出危機計劃中各個因素在壓力下是如何結合在一起的。必須注意的是，當制定和運行模擬現實的演練時，組織正常活動不要中斷，並且在成本投入上不能超過組織所能承受的範圍。

除此以外，進行演練還有其他作用：

(1)演練可以幫助發掘和認識新的人才，對組織成員有一定的激勵作用。

⑵演練可以提升組織形象，可以直接運用於現實中的公共關係和社區服務，為組織價值增加得分。

⑶演練還能夠幫助改進安全防範工作。

一、演練的內容

危機處理應重視事先演練，並要在平時嚴格按計劃實施。培訓演練的主要內容是：

⑴心理演練

這是一種值得借鑑的危機模擬實習。這種實習能夠創造一種近似真實的危機情景，可以用來進行心理素質的演練，提高心理承受能力。組織可以聘請心理學家等為管理者舉辦仿真的危機模擬實習。

⑵組織培訓

培訓不僅是必需的，而且是演練之前必做的準備。培訓是要使所有參加危機處理的人員都清楚危機處理整體方案以及本人的具體職責。

⑶基本功訓練

危機處理時間緊迫，對危機處理人員的要求，不僅是應知怎麼做，而且要在短暫時間內準確無誤地完成規定操作。經常演練，確保操作熟練準確，這是十分必要的。

⑷實地演練

實地演練也可稱為場景演練，可以通過電腦類比或現場即時演習來完成。電腦類比可以將決策和回饋輸入進去，它廣泛應運於演練飛行員、宇航員、軍備人員甚至汽車司機。建設和使用這些類比系統是相當昂貴的，但這些模擬能夠使飛行員、宇航員和軍備人員學到和提升他們應對危機的技能，相對於這種價值而言，成本的付出是有價值的。

二、演練的方法

場景演練包括三種主要方法：在會議室中分析案例；管理團隊討論決策的演練；一份現場情況的描述。

鑑於危機管理的真實性要求，許多組織者需要把監控和會計系統加入到演練或現實模擬的過程中。會計系統不僅包括傳統的資產負債表和現金流量表，而且還要對人力、物力應達到的目標進行評估和記錄。除此之外，還應當將資訊的搜集和整理工作包括到反應管理的演練中去。處理一場真正的危機事件要比演習複雜得多，從開始到結束可能要持續好幾天。但是組織者很少會用這麼長的時間去進行一場演習，所以一般情況下組織者會以中心情節為基礎設計一系列的演練，作出一份演練計劃。在計劃中有些演練會在同一時間發生，另外的會隔幾個小時依次發生。

三、演練的流程

危機管理預案的演練必須有一個科學化的程序做指導，通常情況下，我們可以用如下的程序來指導實際的操作：

1. 做好演練的準備工作

這些準備工作包括動員、成立指揮機構、設計演練步驟及檢查標準和方法、落實物資的準備工作等。在演練前要根據危機管理預案的要求，認真做好各項準備工作。

2. 演練的具體實施

演練的實施就是要把計劃變成實際行動。除了計劃上的一些內容外，還要設計一些事先沒有準備的事情，讓執行者在緊急情況下作出反應，以提高應付危機的能力。

3. 總結演練

總結的目的在於發現所存在的問題，以利於今後改進。演練結束後的總結要及時，通過總結肯定危機管理預案是否切實可行，能否起到應有的作用。對演練中的好人好事要表彰，對存在的問題要採取措施，做到賞罰分明。

4. 完善方案

總結結束後，還必須對原有方案作出評價，肯定、保留好的方面，對其中的不足給予補充完善。同時，要將完善後的方案重新公佈，下發執行。對於執行人員要進行更新培訓，確保萬無一失。

5. 做好善後處理

危機過後，組織財產受到了某些方面的破壞，造成了巨大的損失，要恢復正常工作，就要採取一些補救措施。因此，危機處理的善後工作亦是危機管理預案中應強調的內容之一。同時，這些補救措施也要著眼於組織今後的發展。例如，要進一步強調「預防就是一切」的管理意識，組織恢復聲譽和形象、安撫危機中受到衝擊的員工等。

總之，危機管理預案的實戰演練，是危機管理必不可少的內容。掌握危機管理預案的演練技巧，是把危機管理預案的指導落實必不可少的一項重要工作。

案例詳解

◎案例 19　聯想集團最大規模的裁員

一、案例介紹

2004 年，聯想集團開始了近年來最大規模的戰略裁員，約佔員工整體比例的 5%。聯想在書面檔中表示，裁員是公司戰略調整的行動之一，與員工的表現及業績無關，同時聯想集團安排了週詳的補償計劃，並為離職員工提供心理輔導、再就業支援等服務。

聯想裁員行動 3 月 6 日啟動計劃，7 日討論名單，8 日提交名單，9～10 日人力資源審核並辦理手續，11 日面談。2004 年 3 月 11 日上午，聯想部份員工被電話陸續叫到會議室，被告之已經被裁掉。20 分鐘後，在經理們的陪同下，被裁員工開始三三兩兩地離去，整個過程不到 30 分鐘。

隨後一篇原聯想員工撰寫的文章——《裁員紀實：公司不是我的家》在網上迅速流傳開來。文章說，一些部門員工整體被裁，這恐怕是聯想歷史上規模最大的一次裁員。領導者戰略上犯的錯，卻要員工承擔。不管你如何為公司賣命，當公司不需要你的時候，你曾經做的一切都不再有意義。員工和公司的關係，就是利益關係，千萬不要把公司當做家。

文章的推出在社會上引起相當大的波瀾，使人們重新對聯想組織文化、聯想戰略。甚至整個聯想集團進行重新審視。2004 年 4 月，柳傳志出面向被裁員工做出回應並道歉。

二、案例分析

如果聯想及時制定出內部員工溝通計劃的話，本可以順利渡過此次危機。

①鞏固現有員工的忠誠度

針對繼續留在聯想的員工，告訴員工們裁員的戰略目的，向現有員工表達公司對已裁員工的歉意，並向公司員工明確聯想的未來發展戰略，公司將會通過戰略調整給他們美好的預期，並再次重申將幫助被裁掉的員工等，這些做法可以減少裁員行為對現有員工可能造成的負面影響。

②與被裁的員工充分溝通

首先要對被裁員工為聯想所做的工作表示感謝，承諾將幫助他們進行再就業，提供合理的解職補償等，要讓被裁的員工瞭解公司戰略裁員的背景原因，取得他們在宏觀上的理解和支持。

對許多人來說，公司就是他們的家。這種意識形態中隱含著很高的信任、託付和忠誠，同時也是僱員與僱主之間勞資關係的紐帶，即便是在現代社會裏。而現實中，當一些危機或潛在危機爆發時，組織不僅要將注意力放在組織與相關利益者的溝通上，更應該與最直接為組織創造價值的廣大內部員工進行溝通和交流。如果聯想有比較好的員工裁員溝通方式的話，或許這場由網上文章所引發的危機就不會引發輿論關注。

根據組織業績的優劣進行包括人員的增減裁撤是企業戰略中很正常的一種手段，如果聯想能夠事先與員工、與媒體進行溝通，可以順利渡過危機。而聯想採取的卻是「非常規」的做法——一瞬間將員工掃地出門，此舉與一貫主張親情化的聯想文化背道而馳，進而激化了危機的爆發。

心得欄 ________________________________

◎案例 20　巴林銀行的倒閉

一、案例介紹

1763 年，法蘭西斯·巴林爵士在倫敦創建下巴林銀行，它是世界首家「商業銀行」，既為客戶提供資金和有關建議，自己也做買賣。當然它也得像其他商人一樣承擔買賣股票、土地或咖啡的風險。出於經營靈活變通、富於創新，巴林銀行很快就在國際金融領域獲得了巨大的成功。巴林銀行的業務範圍十分廣泛，無論是到剛果提煉銅礦，從澳大利亞販賣羊毛，還是開掘巴拿馬運河，巴林銀行都可以為之提供貸款，但巴林銀行有別於普通的商業銀行，它不開發普通客戶存款業務，故其資金來源比較有限，只能靠自身的力量來謀求生存和發展。

1803 年，美國從法國手中購買南部的路易斯安那州時，所有資金都出自巴林銀行。儘管當時巴林銀行有一個強勁的競爭對手——一家猶太人開辦的羅斯切爾特銀行，但巴林銀行仍是各國政府、各大公司和許多客戶的首選銀行。1886 年，巴林銀行發行「吉尼士」證券，購買者手持申請表如潮水一樣湧進銀行，後來不得不動用警力來維持，很多人排上幾個小時後，買下少量股票，然後伺機拋出，等到第二天拋出時，股票價格已漲了一倍。20 世紀初期，巴林銀行十分榮幸地獲得了一個特殊客戶：英國皇室。由於巴林銀行的卓越貢獻，巴林家族先後獲得了 5 個世襲的爵位。這可算得上一個世界紀錄，成為奠定巴林銀行顯赫地位的基礎。

然而，1995 年 2 月 27 日，英國中央銀行突然宣佈：巴林銀行因遭受巨額損失，無力繼續經營而破產。從此，這家有著兩百多年經營史和良好業績的老牌商業銀行在全球金融界消失了。目前該銀行已由荷蘭國際銀行保險集團接管。

那麼，這樣一家業績良好而又聲名顯赫的銀行，為何在頃刻之間遭到滅頂之災？

從制度上看，巴林銀行最根本的問題在於交易與清算角色的混合。主管前台交易與負責後台統計由一人負責，這是導致巴林銀行千里之堤潰於一旦的最為關鍵的原因。也就是內部監控的空白直接導致了巴林銀行的破產。尼克· 裏森就是導致巴林銀行倒閉的罪魁禍首。

1992 年，尼克· 裏森前往新加坡，任巴林銀行新加坡期貨交易部兼清算部經理，既主管前台交易又負責後台統計。作為一名交易員，裏森本來應有的工作是代表巴林客戶買賣衍生性商品，並代替巴林銀行從事套利這兩種工作，基本上沒有太大的風險。不幸的是，裏森卻一人身兼交易與清算二職。如果裏森只負責清算部門，那麼他就沒有必要，也沒有機會為其他交易員的失誤行為瞞天過海，也就不會一錯再錯而導致巴林銀行倒閉的局面。

當巴林銀行遭到 5000 萬英鎊的損失時，銀行總部派人調查裏森的賬目。事實上，每天都有一張資產負債表，每天都有詳細的記錄，從其中可以看出裏森的問題。即使是月底，裏森為掩蓋問題所製造的假賬，也極易被查出問題——如果巴林銀行真有嚴格的審查制度。

從人力資源管理角度來看，巴林銀行對裏森的任命和絕對的信任，導致了巴林銀行對裏森行為的絕對信任和放縱，這也就必然導致對裏森行為的監控空白。這也是巴林銀行一夜之間忽然倒閉的深層原因。

誠然，裏森是為巴林銀行的盈利和發展曾經有過卓越的貢獻，他在 1993 年為公司賺了 1400 萬美元。對於這樣的能人，巴林銀行理所當然要重用，這是沒有任何異議的。但是，問題在於它違背了「人是靠不住的」這條管理學的戒律，絕對的權力產生絕對的腐敗，不幸在巴林銀行的身上又一次得到應驗。當然，應驗的代價就是這家有過光榮歷史銀行的崩潰。

巴林銀行太相信裏森了，並期待他為巴林銀行套利賺錢。在巴林銀行破產的兩個月前，即 1994 年 12 月，於紐約舉行的一個巴林金融成果會議上，250 名在世界各地的巴林銀行工作者，還將裏森當成巴林銀行的英雄，對其報以長時間熱烈的掌聲。但裏森的能力也是一把雙刃劍，裏森是精通電腦系統的專家，曾經到東京分行處理過電腦不顯示交易的問題，知道如何使自己的交易避開電腦監督；同時他還精通財務報表，知道如何來對付財務的審計和調查。再加上總行對他的絕對信任，使得裏森有機會也有能力去冒巨大的風險，最終導致了巴林銀行的徹底崩潰。

尼克· 裏森去巴林銀行工作之前，他是摩根斯坦利銀行清算部的一名職員，進入巴林銀行後，由於他富有耐心和毅力，善於邏輯推理，能很快地解決以前未能解決的許多問題，使巴林銀行的工作有了起色。因此，1992 年，巴林銀行總部決定派他到新加坡分行成立期貨與期權交易部門，並出任總經理。

當時，裏森在新加坡任期貨交易員時，巴林銀行原本有一個帳號為「99905」的「錯誤帳戶」，專門處理交易過程中因疏忽所造成的錯誤。這原是一個金融體系運作過程中正常的「錯誤帳戶」。1992年，倫敦總部全面負責清算工作的哥頓· 鮑塞給裏森打了一個電話，要求裏森另外再設立一個「錯誤帳戶」，記錄較小的錯誤，並自行處理在新加坡的問題，以免麻煩倫敦總部的工作。於是裏森馬上找來了負責清算的利塞爾，向她諮詢是否可以另立一個帳戶。很快，利塞爾就在電腦裏鍵入了一些命令，問他需要什麼帳號。

「8」是一個非常吉利的數字，因此裏森以此作為他的吉祥數字。由於帳號必須是五位數，這樣帳號為「88888」的「錯誤帳戶」便誕生了。幾週之後，倫敦總部又打來電話，總部配置了新的電腦，要求新加坡分行還是按老規矩行事，所有的錯誤記錄仍由「99905」帳戶直接向倫敦報告。「88888」的「錯誤帳戶」剛剛建立就被擱置不用了，但它卻成為一個真正的「錯誤帳戶」存於電腦之中。而且總部這時已經注意到新加坡分行出現的錯誤很多，但裏森都巧妙地搪塞而過。「88888」這個被人忽略的帳戶，提供了裏森日後製造假賬的機會。如果當時取消這一帳戶，那麼巴林銀行也許就不會倒閉了。

1992 年 7 月 17 日，裏森手下一名加入巴林銀行僅一星期的交易員犯了一個錯誤：當客戶(富士銀行)要求買進日經指數期貨合約時，此交易員誤為賣出。這個錯誤在裏森當天晚上進行清算工作時被發現，按當日的收盤價計算，其損失為 2 萬英鎊，本應報告倫敦總部。但在種種考慮下，裏森決定利用錯誤帳戶「88888」掩蓋這個失誤。然而，如此一來，裏森所進行的交易便成了「業主交易」，使巴林銀行在這個帳戶下暴露在風險部位。數天之後，由於日經指數上升，此空頭部位的損失便由 2 萬英鎊增為 6 萬英鎊了(註：裏森當時年薪還不到 5 萬英鎊)。此時裏森更不敢將此失誤向上呈報。

在 1993 年下半年,接連幾天,每天市場價格破紀錄地飛漲 1000 多點，用於清算記錄的電腦螢幕故障頻繁，無數筆的交易入賬工作都積壓起來。因為系統無法正常工作，交易記錄都靠人力，等到發現各種錯誤時，裏森在一天之內的損失便已高達將近 170 萬美元。在情況十分危急的情況下，裏森決定繼續隱瞞這些失誤。

1994 年，裏森對損失的金額已經麻木了，「88888」帳戶損失，由 2000 萬、3000 萬英鎊，到 1994 年 7 月已達 5000 萬英鎊。事實上，裏森當時所做的許多交易，是在被市場走勢牽著鼻子走，並非出於他對市場的預期如何。他已成為被其風險部位操作的傀儡。他當時能想的是，那一種方向的市場變動會使他反敗為勝，能補足「88888」帳戶的虧損，便試著影響市場往那個方向變動。後來裏森在自傳中這樣描述:「我為自己變成這樣一個騙子感到羞愧——開始是比較小的錯誤，但現已整個包圍著我，像是癌症一樣……我的母親絕對不是要把我撫養成這個樣子的。」

巴林銀行倒閉的消息震動了國際金融市場，各地股市也受到不同程度的衝擊，英鎊匯率急劇下跌，對馬克的匯率跌至歷史最低水準。但由於巴林銀行事件終究是個孤立的事件，對國際金融市場的衝擊也只是局部的、短暫的，不會造成災難性的後果。不過，就巴林銀行破產事件本身來說則是教訓深刻的。

二、案例分析

透視整個巴林銀行集團破產危機事件，我們得到如下啟示：

1. 制度漏洞是最大的潛伏危機。從制度上看，巴林銀行最根本的問題在於交易與清算角色的混淆。一般銀行都許可其交易員持有一定額度的風險部位，但為防止交易員在其所屬銀行暴露出過多的風險，這種許可額度通常定得相當有限。而且透過清算部門每天的結算工作，銀行對其交易員和風險部位的情況也可予以有效瞭解並及時掌控。但不幸的是，裏森卻一人身兼交易與清算二職。事實上，在裏森抵達新加坡前的一個星期，巴林內部曾有一個內部通訊，對此問題可能引起的大災難提出關切。但此關切卻被忽略，以至於裏森到職後，同時兼任交易與清算部門的工作。如果裏森當時只負責清算部門，那麼他便沒有必要也沒有機會為其他交易員的失誤行為瞞天過海，也就不會造成最後不可收拾的局面。

在損失達到 5000 萬英鎊時，巴林銀行曾派人調查裏森的賬目。事實上，每天都有一張資產負債表，每天都有明顯的記錄，可看出裏森的問題，即使是月底，裏森為掩蓋問題所製造的假賬，也極易被發現——如果巴林真有嚴格的審查制度。當時，裏森假造花旗銀行有 5000 萬英鎊存款，但這 5000 萬已被挪用來補償「88888」帳戶中的損失了。巴林銀行查了一個月的賬，卻沒有人去查花旗銀行的賬目，以致沒有人發現花旗銀行帳戶中並沒有 5000 萬英鎊的存款。

關於資產負債表，巴林銀行董事長彼得· 巴林曾經在 1994 年 3 月有過一段評語，他認為資產負債表沒有什麼用，因為它的組成，在短期間內就可能發生重大的變化，因此，彼得· 巴林說：「若以為揭露更多資產負債表的數據，就能增加對一個集團的瞭解，那真是幼稚無知。」對資產負債表不重視的巴林董事長付出的代價之高，也實在沒有人想像得到！

最令人難以置信的便是，巴林銀行在 1994 年年底發現資產負債表上顯示 5000 萬英鎊的差額後，仍然沒有警惕到其內部控管的鬆散及疏忽。在發現問題至其後巴林銀行倒閉的兩個月時間裏，很多巴林的高級及資深人員曾對此問題有過詢問，更有巴林銀行總部的審計部門正式加以調查。但是，這些調查都被裏森以極輕易的方式矇騙過去。裏森對這段時期的描述為：「對於沒有人來制止我的這件事，我覺得不可思議。倫敦的人應該知道我的數字都是假造的，這些人都應該知道我每天向倫敦總部要求的現金是不對的，但他們仍舊支付這些錢。」

另一個值得注意的問題是，在 1995 年 1 月 11 日，新加坡期貨交易所的審計與稅務部已經發函給巴林總部，提出他們對維持「88888」帳戶所需資金問題的疑慮，但銀行總部並未給予重視。

2. 恣意信任是危機發生另一個重要原因。從金融倫理角度而言，如果對所有參與「巴林事件」的金融從業人員評分，都應不及格。尤其是巴林銀行的許多高層管理者，完全不去深究可能存在的問題，而一味地相信裏森，並期待他為巴林套利賺錢。尤其具有諷刺意味的是，在巴林銀行破產的兩個月前，即 1994 年 12 月，在紐約舉行的一個巴林金融成果會議上，250 名在世界各地的巴林銀行工作者，還將裏森當成巴林的英雄，對其報以長時間熱烈的掌聲。

事後裏森說：「有一群人本來可以揭穿並阻止我的把戲，但他們沒有這麼做。我不知道他們的疏忽與犯罪級的疏忽之間界限何在，也不清楚他們是否對我負有什麼責任。但如果是在任何其他一家銀行，我是不會有機會開始這項犯罪的。」

第 11 章

危機狀態下的溝通管道

重 點 解 析

一、危機溝通的原則

危機溝通是危機管理的核心。危機溝通的作用是：幫助公眾理解影響其生命、感覺和價值觀的事實，讓其更好地理解危機，並做出理智的決定。危機溝通不是只告訴人們你想要他們做的事，更重要的告訴他們，你理解他們的感受。

1. 要誠實，說真話

建立信任，是與公眾進行危機溝通的最重要基礎。信任是來自很多方面的，最重要的是誠實。「9．11」事件後，美國紐約市市長朱利安尼向公眾承認他也害怕，他也不知道接下來會發生什麼事，他的痛苦是誠實的、真實的。他沒有試圖控制公眾的情緒，也沒有試圖保持完全的冷靜。這樣反而使公眾更信任他，使他能更有效地幫助公眾消除過分的憂慮。誠實和公開有助於建立信任，使危機溝通更有效。

2. 要尊重公眾的感受

公眾的恐懼是真實的，公眾的懷疑是有理由的，公眾的憤怒是來自內心的，這是事實。我們永遠不要認為公眾太不理智，永遠不要忽略和漠視公眾的真實感受。否則，不僅不會使他們平靜下來，還會喪失他們對你的信任。通常危機溝通失敗的幾個原因是：批評人們對於危機的本能反應；不接受恐懼的感情基礎；只注重事實，不注重人們的感受。

3. 不要過度反應

過猶不及。在危機發生後，要告訴自己：鎮定，鎮定，再鎮定！讓自己在對事實瞭解後，做出適當的反應。在與公眾或媒體溝通的過程中，一定要控制自己的「反應度」，而不要過度反應。否則可能會人為把事情鬧大。

4. 不要過度承諾

由於危機的突發性和不可預期性，決策者必須在得到專家意見後儘快與公眾和員工溝通。但是往往很多資訊是有局限性且不全面的，因此作為決策者，你要及時告訴公眾，告訴員工，事情並沒有像預期那樣，沒有那麼順利。如果你不告訴他們反而會威脅他們，會威脅到那些認為事情進行得很順利的人的安全。

你需要對公眾公開，但同時你需要有準確性。小心你說的話，不然你會顯得不夠專業，你的談話將失去可信性。這不僅僅是過分承諾的問題，更是不尊重公眾，不尊重公眾的智力。

1997 年香港禽流感爆發。香港衛生署的負責人為了安撫公眾，說：「我昨天晚上吃了雞肉，我每天都吃雞肉。」她這樣的說法是很荒唐的，因為沒有人可以每天都吃雞肉。實際上，她應該這樣說：「即使你有可能從雞身上傳染到這種病，但是，吃煮過的雞是安全的。」

而在政府決定撲殺病雞的時候，對公眾承諾「我們可以在 24 小時內殺掉全市上百萬隻雞」顯然也是一個不可能完成的任務。理性的溝通應該是這樣的：「我們會盡最大可能，最快地殺掉全香港的雞。但是我們預計這是一項困難的工作。可能會比較亂，可能會出現沒有預料的事。但我們會盡最大努力。」

5.對外統一口徑

在危機溝通中，前後矛盾、數據衝突等問題往往在公眾中造成很不好的影響。對於暫時不能確認的事情，組織應說明實際情況，並表明自己正在著手開展調查或制訂方案，而不能隨便表態，以免陷入被動的局面。組織危機管理小組不但要明確專門的發言人，還應明確危機溝通的具體內容，確定統一的危機溝通口徑。

二、危機溝通的管道

危機溝通的過程中，選擇適當的時機，把利益相關者關心的問題通過合適的管道傳達出去，是與公眾溝通的重要環節。在危機中，可以有效利用的管道包括：

1.新聞媒介

通過報刊、電視、廣播、網路等媒介傳達組織資訊是危機溝通管理的主管道，具體方式包括召開新聞發佈會、投放新聞稿件等。

在危機影響範圍很廣的情況下，組織需要大範圍地發佈資訊，這時要考慮在那些利益相關者可能關心的、有權威的新聞媒體上發佈組織聲明、公告與新聞稿，要注意聲明、公告本身的權威客觀性，有說服力，足以抵制可能影響到組織形象的壞消息的出現。

2.個別會談

在危機中，對於一些重要的利益相關者，特別是危機的受害者，個別會談是一種最直接有效的方式，組織可以安排合適的危機管理人員主動上門回答顧客的問題，聽取他們的意見，消除他們的疑慮。

3.網路平台

網路已經成為現代組織與利益相關者溝通、互動的主管道之一。在危機中，組織要充分利用網路傳播的即時性和互動性，一方面傳達組織對危機的方針、政策和應對措施，通報危機管理的進展情況；另一方面瞭解利益相關者的態度、意見和需求，通過 BBS、聊天室、Email 等雙向溝通手段化解衝突，謀求合作。

4.記者採訪

對於記者採訪，組織往往容易割裂自身與外部公眾的聯繫，其實記者的報導是公眾資訊的最主要來源。組織要迅速開放資訊管道，通過記者把最需要告訴公眾的核心資訊及時傳達出去，把必要的資訊公諸於眾，填補公眾的資訊空白，讓公眾及時瞭解危機事態和組織正在盡職盡責處理危機的情況。組織永遠不要試圖隱瞞什麼，對前後資訊要口徑一致，不要隨意改變對問題的解釋。

5. 接待來訪

對於來訪人員，可單獨接待，也可通過座談會等形式集體接待，要視來訪人員的身份、情緒和溝通話題而定。身份重要、情緒激烈、話題重大的來訪人員，適於單獨接待；對那些投訴內容大體相同的一般來訪人員，可選擇其中部份代表進行集體接待。組織應設立專門的接待人員，其職責在於接待各方面來訪的利益相關者，如記者、受害者及其家屬、投訴、信訪的公眾、社區代表、合作夥伴、主管部門、司法部門人員等。接待人員上崗前應由危機管理小組進行統一、專業化的培訓。接待地點亦應慎重考慮，要安排在有利於溝通的場所、環境之中，有條件的組織可設立專門的接待中心。

6. 熱線電話

危機爆發後，組織應儘快開通和公佈熱線電話，以備利益相關者的投訴和諮詢。一般而言，熱線電話有必要保持 24 小時暢通，這不但可以確保工作效率，也同時向外界表明積極、主動化解危機的態度。對那些能夠當即予以解答的問題，應明確告知對方；對那些暫無定論或沒把握的問題，熱線接聽員要發揮中轉站的作用，及時向決策者彙報相關資訊。

7. 信件與電子郵件

對於不能直接交流的重要顧客，當組織需要快速傳達所要溝通的消息時，可以考慮利用信件或者電子郵件等手段與其溝通，把組織的資訊及時傳達給對方。

8. 權威機構和人士

外部專家或者能夠就利益相關者所提出的問題具有權威性回

覆的某領域專業人士都是資訊傳遞的重要管道。爭取權威機構和人士的支持與認同，通過他們與利益相關者進行對話是危機溝通管理的重要途徑之一。

管道選擇的關鍵在於，要充分發揮大眾傳播、組織傳播、群體傳播和人際傳播等不同管道的優勢，在資訊溝通上形成立體、呼應之勢，以達到勸服的目的。

心得欄 ----------------------------------

案例詳解

◎案例 21　美國總統的危機管理

一、案例介紹

1. 摘掉總統烏紗帽的「水門」事件

1974 年 7 月底，美國國會彈劾總統尼克森。其罪名是：「妨礙司法程序，濫用職權，蔑視國會」。8 月 5 日，尼克森被迫辭職，丟掉了頭上的烏紗帽。

對於尼克森，人們記憶中最鮮明的恐怕就是：是「水門」事件醜聞曝光後被迫辭職。

作為一位對人類歷史曾做出過傑出貢獻的美國總統，為何會被迫辭職呢？這得從「水門」事件說起。

美國社會有兩大政黨：共和黨和民主黨。這兩大對手的力量對比往往突出地表現在總統競選上，對兩黨而言，用盡一切辦法使自己的黨內成員競選為總統，無疑是至關重要的大事。

尼克森總統是共和黨領袖，1972 年在總統任上時，他手下的 5 名「爭取總統連任委員會」成員於 6 月 17 日假扮維修工，潛入民主黨總部水門大廈，在主席奧布萊恩的辦公室裏秘密安放竊聽器，被警方當場抓獲，這件事，就是著名的「水門」事件。

醜聞被揭露後，輿論譁然，對於總統的這種不道德做法，各大媒體紛紛指責，並要求就此事展開調查。

危機已經來臨，弄巧反而成拙。面對此種情形，尼克森卻採取了不明智的做法，不向公眾發出任何與此事有關的信息，他認為還是「少說為妙」，「人們會很快忘記這件事的」。然而，急於得到解釋的公眾對白宮這種緘口不言的做法產生了激烈的抵觸情緒，在此背景下，《華盛頓郵報》的兩位記者窮追不捨，力圖促進國會對事件的調查。

沉默的總統還想封住別人的口，他為此做了以下幾件事情：

第一，1973 年年初，美國參議院成立了「水門事件調查委員會」，要求總統及其助手出面協助調查，但被尼克森拒絕了。方式是採取了「行政特權」。這一不合作的態度引起了調查委員會的極大憤慨，他們立即將這一消息向新聞媒體透露，新聞界又大肆渲染，從而使總統的形象嚴重受損。

第二，尼克森命令助手開列一份反政府人士的記者名單，使用「可使用的聯邦機器去勒緊我們的政敵」。這種對著幹的態度，使得美國新聞界那些本來就愛挑刺兒的記者們大為惱火，十分氣憤。

第三，在被迫向公眾解釋「水門」事件時，他們以「國家安全」為理由來搪塞，其陳述是：「為了國家安全，我們不得不獲取情報，我們不得不在機密的情況下做這件事」。

第四，1973 年 7 月，一位總統助理證實尼克森將他辦公室裏進行的談話都秘密錄了音，最高法院決定迫使他交出 64 盤錄音帶，但尼克森一口回絕。當特別檢察官科克斯堅持這樣做時，尼克森下令首席檢察長理查生解除科克斯的職務，遭到拒絕後，他竟然免去了檢察長的官職，副檢察長拉克肖也遭到同樣的命運。這種做法被披露出來之後，人們堅決要求弄清「水門」事件的真相。

第五，在調查此事的過程中，尼克森一再指示手下人用不正當手段掩蓋真相，包括做偽證、收買被告使之緘默等，這些後來都被公之於眾。

在輿論壓力和法律壓力下，尼克森的助手開始分化並提供證據，在錄音帶風波之後，國會終於彈劾尼克森總統。

2.布希與「9· 11」事件

「我是一個需要假期的人」，整整 8 個月，傲慢的美國總統布希一直待在德克薩斯州克勞福斯鎮一個安靜的農場裏，一邊悠閒地在高爾夫球場揮杆擊球，一邊與記者們交流巴以衝突問題。

華盛頓著名的智囊機構——布魯克斯協會公佈的總統支持率僅有 25%，這也是 1973 年尼克森「水門」事件以來對總統的支持率最低的一次。但是，「9· 11」事件改變了這一切。

9 月 11 日上午 9 時零 5 分，布希第二次接到世界貿易大廈遭襲的報告；9 時 25 分，在佛州的薩拉索撻機場，布希發表了一個簡短講話，稱「現在是美國歷史上一個艱難時刻」，「恐怖分子雖然粉碎了鋼鐵，卻無法粉碎美國人民的意志」；隨後，「空軍一號」停靠在路易斯安那州的安德魯斯空軍基地，布希再次發表簡短聲明，譴責恐怖分子是「懦夫的襲擊」、「美國政府絕不會姑息任何恐怖主義行徑」，同時對奮鬥在搶救前線的每一個人表示感謝，並下令美國處於戰備狀態；晚上 8 時 30 分，布希向全國發表正式講話，發誓一定要懲戒兇手。在 12 個小時之內的三次公開講話中布希都是一副呆滯的表情，他眼角噙著淚水，雙眼直視前方。美國公眾理解了他，人們普遍地感受到他們的總統顯然受到了打擊——和整個美國一樣。接下來布希和他的助手們做的工作是非常清晰和高效的。

9 月 12 日 10 時 40 分，布希再次發表講話，這次人們看到的是一個堅定的、強硬的布希，他正式宣佈對紐約和華盛頓的襲擊是戰爭行為，接著他向人們保證一定要全力抓住兇手，並在非常短的時間內將目標鎖定在藏身於阿富汗的本· 拉登。雖然情報部門未能提供確切證據證明是本· 拉登一夥所為，但布希必須給美國民眾一個心理上的安慰，一個宣洩憤怒的出口。

然後，他採取了一切措施解救被圍困在現場廢墟中的人們，用自己的行動安撫正在經歷恐怖的民眾。9 月 12 日下午，布希身穿牛仔褲和夾克衫來到了仍然彌漫著煙塵的曼哈頓，夾雜在員警、志願者、醫生和建築工人中，布希從一個消防員手中接過喇叭高聲叫喊：「我聽到了！造成如此後果的人將很快能聽到我們的聲音！」這是一副新面孔，他不僅僅帶給民眾一副市民化的親切面孔，而更多的是向民眾表達出了他的勇敢。在此之前，人們見到不打領帶的總統是在高爾夫球場，穿牛仔褲的總統是在他的得州農場。

為了穩定民心，布希不僅走向了危機的「前線」，也走向了教堂。布希意識到，在這個特殊的時期，美國人需要鎮定，需要某種信仰的支援，他選擇了基督教。他派專人接來了大主教，並參加了在華盛頓國家大教堂按照美國傳統舉行的彌撒，從而成為歷史上第一位參加彌撒的美國總統。儘管此前的歷任總統都自認為是基督教徒，但布希無疑是其中十分虔誠的一位。

9 月 14 日，從電視畫面上我們看到布希緊抿著雙唇，眼含淚水地說：「我是一個容易動感情的人」；並呼籲美國人民午餐時為在恐怖襲擊事件中遇難的人祈禱。這一天，美國《新聞週刊》公佈的民意調查顯示，布希的支援率達到 85%，比他父親老布希在海灣戰爭時期的支持率還高，也超過了「珍珠港」事件爆發後的羅斯福總統。

9 月 15 日，美國眾參兩院通過了一項決議，授權布希「動用一切必要和適當力量進行報復行動」，同時參議院還通過了 400 億美元緊急撥款法案，比布希計劃要求的還要高一倍，其中 200 億美元用於打擊恐怖勢力，200 億美元用於災後重建工作。

9 月 18 日，布希走訪了華盛頓一個伊斯蘭教清真寺，他告訴全世界，美國準備打擊的是恐怖分子本· 拉登以及包庇他們的某些集團，他還說：「恐怖勢力從來就沒有真正的信仰，這不是伊斯蘭教存在的理由，伊斯蘭教代表的是和平。」同時，他也告誡美國人不要向國內的阿拉伯人進行報復。考慮到宗教因素，一週以後，五角大樓宣佈將戰爭代號由「無限正義行動」更正為「持久自由行動」。

9 月 20 日晚上，布希在國會參眾兩院聯席會議上宣佈美國將採取一切手段打擊恐怖勢力，他說：「我們由悲傷轉為憤怒，由憤怒轉到下定決心，我們要讓敵人受到正義的制裁，正義必將得到伸張。」這次演講的精彩遠遠超過了一年前總統競選時與戈爾的電視辯論，布希極具煽動性的表情和有力的手勢贏得了議員們多次全體起立鼓掌的熱烈場面。

這一天，蓋洛普公佈的民意調查結果顯示，布希總統民意支援率達到創歷史紀錄的 91%，布希的強硬和溫和贏得了美國公眾對他的支持，樹立了強勢總統的形象。

二、案例分析

尼克森在處理「水門」事件中的做法，是十分典型的「反公關」

事例，正是這種「失道」的做法導致了他的最終失敗。我們不妨分析如下：

1. 與新聞界交惡。尼克森不但在「水門事件」發生後三緘其口，對外界保密，從而誘發了人們的敏感與好奇心，而且企圖借國家機器來恫嚇新聞記者。這對於「無冕之王」來講，簡直是奇恥大辱。他們被推向了被迫自衛的敵對面上，以不遺餘力地繼續「扒糞運動」的精神，去揭露事情的真相。

2. 違背事實性原則。在被迫對「水門」事件做解釋時，尼克森沒有及時拿出勇氣來檢討自己的錯誤，請求公眾諒解，反而拿「國家安全」等藉口來搪塞，給人留下「不誠實」的壞印象。

3. 為掩蓋真相，不擇手段。這樣做走向了「公關」的反面，令公眾、法律界、議會不滿，這才有了最終的彈劾。

這些做法，都是為掩蓋真相而招致的直接後果。假如尼克森一開始就能坦誠地檢討錯誤，結果也許會好很多。

相反，布希面對「9. 11」事件，面對如此嚴重的危機，沉著應對，反應得當，從而贏得了巨大的支持，這也說明政府領導人一定要有危機意識，要掌握危機管理的真諦，學會從容面對危機。

第 12 章

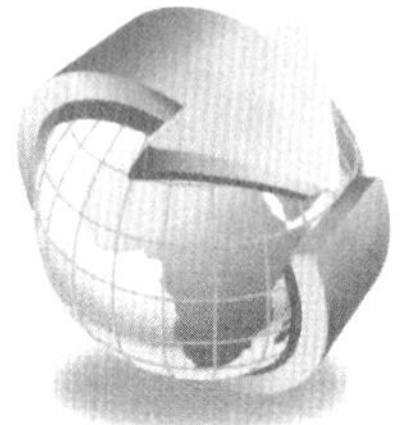

危機的謠言管理

重點解析

謠言是指憑空捏造的帶有惡意的虛假資訊，謠言的傳播對於處於危機中的組織殺傷力十分巨大。因此，組織應該如何有效應對公關危機中的謠言傳播是危機溝通中的一個十分重要的內容。

謠言傳播具有突發性且流傳速度極快，它就像瘟疫一樣，一個謠言往往不知從何處冒出來，然後就開始迅速繁殖、流傳開來。在危機中面對紛雜的頭緒，組織可能會無暇應對，這時就給謠言的傳播製造了空間。對於組織危機管理來說，控制謠言的產生是極為重要的事情，而且預防要比控制的效果好得多，也就是說最好在謠言的形成期就把謠言的形成動機戳穿。

一般來講，謠言傳播通常會經過形成期、高潮期和衰退期三個階段。在謠言傳播的形成期，只有少數人作為謠言的發源地相互議論，隨著謠言的傳播速度開始加快，迅速傳給他人形成一種「鎖鏈式傳播「，這樣就進入了謠言傳播的形成期。當謠言為絕大多數公眾所接受，謠言傳播就進入了高潮期。其後，隨著謠言重要性的減弱，謠言傳播的頻率開始下降，謠言傳播逐步進入衰退期，直到謠言完全消失。

一、查找謠言的傳播源

在現代組織危機管理中，謠言傳播的主體及其動機具有相當的複雜性，無論是企業型組織的消費者還是競爭對手抑或社會公眾都會成為謠言的策源地，他們彼此充當著不同的角色。對於政府型組織而言，謠言的源頭可能更為複雜，而且產生的效果也更具危害性。這裏介紹的傳播源主要以企業型組織為主。

1. 競爭對手

當今形勢下，利益的爭奪成為市場競爭的主流，經常有人使用非法手段參與市場佔有率的爭奪，以達到自身的目的。處於競爭關係的一方為擠垮對方、奪取更大的市場佔有率，會釋放一些沒有科學依據、不符合實際的資訊攻擊對方。因而，競爭對手是企業型組織查找謠言出處時必須首先考慮的群體。

2. 新聞媒體

傳媒的過分熱情無異使得新聞媒體成為謠言的傳播主體。更有甚者，傳媒的刻意炒作，往往使得危機中的組織火上澆油。這方面的例證不勝枚舉。這種謠言的發端可能並不帶有惡意，很多時候僅僅是出於新聞的獵奇性，但如果疏於防範，往往會給組織造成直接的損失。

3. Internet

Internet 的出現使危機公關變得越發有難度，如何控制網路語言的規範成為組織應該考慮的問題。網路傳播的即時性、互動性給人們獲取資訊提供了便利，但是網路傳播的匿名性、虛擬性使網上發佈資訊很難進行事前審查過濾，人們在獲取資訊時也很難根據資訊本身進行真偽識別，人們往往津津樂道並予以傳播。

4. 消費者

消費者在消費的過程中，如果因銷售中的某一環節出現問題，容易出現對組織的不滿而成為謠言的製造者。在現實中，消費者往往會不自覺地充當謠言製造和傳播者的角色，其動機常常是由於對於產品或服務的不滿，特別在要求正當權利或索賠被遭到拒絕時會傾向於向親朋好友及社會公眾散佈謠言以發洩不滿。

5. 社會公眾

其他社會公眾也會有意或無意充當造謠、傳謠者的角色。其中，有意者的目的在於利用謠言傳播混淆人們的視聽，以此方式發洩自己的某種卑劣的情緒。

6. 人際間的口頭傳播

按照大眾傳播學的解釋，由於人際間口頭傳播很難保持資訊編碼、解碼的完整性與精確性，因此一些資訊難免在傳播過程中扭曲變形，甚至與信源的資訊相差巨大，從而形成謠言。人際間的口頭傳播是針對組織不利的謠言傳播的主要途徑，是最無形也最具殺傷力的。

7. 多種媒介結合

危機中的謠言傳播從傳播主體開始會以人際間的口頭傳播、大眾媒體、網際網路等管道蔓延，更常見的是上述媒介的交叉組合，會呈現出網狀的複雜結構。這表明，現實中的謠言傳播不是孤立的，往往是人際間的口頭傳播、大眾媒體與網路之間的結合，因此而形成的謠言資訊「漩渦「式傳播對組織的影響更大。

危機公關中的謠言傳播如不加以及時、有效的控制，可在一定階段形成強大的社會輿論壓力，從而給組織正常運作和組織形象以致命性打擊。謠言往往是對組織情況的一種猜測，其內容在傳播過程中並非是一成不變的，在資訊的解碼、解碼、釋碼過程中，記憶會隨時間的流失而發生變化，而且謠言傳播者在傳播中起一種主觀評點的作用，下一級公眾使內容本身帶有上一級傳播者意志出發的誇張性，也會引起謠言內容的偏激。對企業型組織而言，謠言傳播的內容是多方面的，例如產品的品質、服務、性能、包裝、商標，組織的資產重組、對手競爭、行銷管道、經營業績、財務狀況、人事變動等。最壞的謠言往往會宣揚組織反面消極的資訊，如產品品質下降、使用不安全、組織高層人員的異動、組織面臨破產等。

二、控制謠言的傳播

面對謠言傳播造成的公關危機，組織必須作出自己的正確選擇。克服謠言的影響，最好的方案是從自身做起，防患於未然，克服自己的弱點而使自己無懈可擊。如果已然身陷危機的話，組織就要注意通過成熟的危機公關傳播對謠言予以回應，為自己挽回聲譽。

1. 建立謠言的監控機制

組織可以借鑑其他組織的經驗教訓，針對組織自身的內、外部環境，預測可能出問題的環節，對症下藥制定相應的公關措施，這些措施應該儘量具體、完善、富有操作性，並使之制度化、標準化。尤其要針對非自身原因而形成的謠言惑眾等問題，組織更應儘快制定危機公關的具體步驟和防範策略。

在預警的過程中，對於企業型組織而言，需要組織針對可能出現謠言的一些方面作出相應對策：儘量做好自身產品與服務，出現問題的話就及時派專人與消費者溝通、協商解決；與媒體聯繫，防止不實、不利資訊擴散；內部查找問題產生的原因，對問題性質定論等。

伴隨資訊社會的到來，資訊掌握的快慢將成為決定組織發展的重要因素，加強組織內部溝通的順暢、市場訊息的及時把握顯得十分必要。危機管理機構要善於建立組織危機預警機制，對組織可能發生的謠言危機進行監控，當謠言一有苗頭，組織訊息系統就會很快地感受到，及時回饋到管理層，以便隨時保持警惕，以備隨時對外宣傳更正。

2. 組建有針對性的危機管理機構

應對謠言的措施最好是要做好組織上的準備，有備而無患。作為危機溝通主力軍的危機管理機構應該更多地擔當起回擊謠言的責任，還可以臨時組建專門的管理小組以應對謠言。

這一類型的危機管理小組成員應包括：

⑴負責人。最高管理層參與謠言防範管理的目的是要保證其管

理的權威性、決策性，他是重要問題的最終決策人物，有利於儘早作出權威決斷。

⑵公關專業人員。是危機公關的理論參謀和具體執行者，負責危機公關程序的優化和實施。

⑶消費者熱線接待人員。他們是接受消費者投訴、溝通資訊和對外樹立形象的重要環節，是危機公關的第一道門戶，如果處理得當的話，往往會把由投訴引起的謠言危機消滅在萌芽狀態。

⑷法律工作者。近年來組織與消費者之間的糾紛越來越頻繁、索賠金額越來越高，法律工作者出面利於儘早通過法律途徑解決糾紛。而且作為組織的法律事務顧問他們熟悉組織日常運作過程中可能出現的法律問題，便於在法律程序上保證組織行為的正確性。

⑸生產、品質保證人員。他們熟悉生產流程，容易把握生產過程出問題的環節，便於應付來自消費者及媒體的疑問。

⑹銷售人員。對於流通程序熟悉，容易把握流通過程出問題的環節。

在危機管理小組中要指定組織危機公關的新聞發言人，在危機來臨時刻，組織內部會很容易陷入混亂的資訊交雜狀態，不利於形成有效的危機傳播，因而形成一個統一的對外傳播聲音是形勢要求的必然結果。危機管理小組強調組織內每個關鍵環節都有人參與，就是要在謠言爆發初期比較容易地找出問題所在，避免拖拉、扯皮現象，以便及時採取措施對症下藥而掌握主動。新聞發言人專門負責與外界溝通，尤其是新聞媒體，及時、準確、口徑一致地按照組織對外宣傳的需要把公關資訊發佈出去，形成有效的對外溝通管道。這樣，就可以避免危機來臨時對外宣傳的無序、混亂以及由此可能產生的公眾猜疑，便於組織駕馭危機公關資訊的傳播。小組的其他成員都應該被賦予明確的權利和義務，以配合新聞發言人的工作開展。

三、控制資訊、回擊謠言

組織應該在謠言傳播的初期尋找謠言的來源、影響範圍、造謠者的意圖背景，以便對不同類型的謠言進行有針對性的控制，並制定出回擊的手段。

謠言出現後，組織要很快地作出自己的判斷，確定組織公關的原則立場、方案與程序；在最快時間內把組織已經掌握的危機概況和組織危機管理舉措向新聞媒體做簡短說明，闡明組織立場與態度，爭取媒體的信任與支持，避免事態的惡化。在危機管理的經典著作中，都把危機發生的最初的 4 小時作為組織工作的重點，盡可能向公眾提供其關心問題的相關資訊，並通過擴大信息量的方法來防止歧義產生，以消除他們對組織相關問題的神秘感，這是減少謠言進一步擴散的重要方法之一。

當前形勢下，新聞媒體的力量前所未有的高漲，媒體會比組織更關心危機進程，也更有自以為是的對應措施提示給組織；同時，它們往往會傾向於保護弱者，暗中無形地加大了組織危機管理的難度。在回擊謠言的過程中，組織必須充分發揮和利用新聞媒體的優勢，因為資訊社會裏新聞媒體在社會中的地位和作用日趨重要，它們對於組織的評判往往會左右著社會輿論，它們的輿論關係著組織的聲譽和品牌形象。

組織危機公關會伴隨著種種猜疑而艱難地進行，要注意及時地把最新情況與進展通報給媒體，也可以設立專門的資訊溝通管道方便新聞媒體和社會公眾的探詢，為真相大白之日做鋪墊。這裏的一大問題是媒體對於組織危機的敏銳反應和過度關注，可能導致報導的失真或非理性化，因而能否爭取到新聞媒體的真實客觀報導是危機公關的第一道難題。與新聞媒體的關係處理絕不是一件一蹴而就的事，加強日常的情感聯絡是非常必要的，這樣也有利於組織及早發現投訴事件的苗頭，杜絕不利資訊在新聞媒體中的傳播，決不能在謠言四起時才想起它們。

對於競爭對手來說，謠言的產生給其一個難得的進攻機會，對手可能會利用一切機會來借機提高自己的影響而詆毀對方。組織可以通過各種途徑，給予同行一種暗示，不要利用謠言做什麼文章，這樣對於雙方都不是好事情。

組織要注意爭取社會公眾的理解、支持與信任，防止社會信任的喪失是頭等大事，這就意味著組織要積極主動地作出組織的某種表示或說明來挽救組織聲譽。社會大眾作為組織的外部公眾，是組織生產、銷售、公關的現有或潛在的對象，對組織會有無形的壓力。謠言會潛在地影響到所有消費者——他們會據此重新判斷組織產品或服務的價值問題。

在對謠言處理的過程中，還應特別引起重視的是政府機構的作用，事實上，挽救危機的一個關鍵也是爭取權威機構的鑑定支持，它們的結論往往是公正評判的最終依據。尤其是某些行業管理部門，它們對於組織的評價往往具有起死回生的力量。

隨著公關工作的開展，應確保組織內部資訊暢通無阻，盡可能讓外界瞭解組織關切公眾利益的立場與態度。為配合公共關係措施的有效執行，組織要適當採用「以闡述事實為主，必要時可採用嚴正聲明」的公關廣告宣傳形式，拿出科學證據和事實，在謠言的主要密集區、在謠言的高潮期之前廣為投放，用正確的資訊贏得公眾。同時，組織也要注意適時司法介入。司法介入主要用以追究造謠者的法律責任，徹底揭穿謠言的真相，同時對其他公眾起一種警告和威懾力量，防止謠言肆無忌憚地蔓延。在具體傳播內容上要從兩方面人手：

首先，要儘快拿出事實真相給謠言傳播者以迎頭痛擊——謠言最怕事實。此時，需要發揮輿論領袖的作用，如政府機構、行業協會等，利用他們的權威性消除謠言的影響；其次，注意從正面闡述真相，在必要的情況下適時對公眾作出必要的承諾。要儘量避免重覆謠言本身，以防公眾只獲取資訊中的謠言片段而強化對謠言的信任。

心得欄 --

案例詳解

◎案例 22　日本三洋公司因會計舞弊元氣大傷

一、案例介紹

2007 年 2 月 23 日，由於懷疑電器巨頭三洋電機在 2004 年 3 月結束的財務年度中，蓄意把子公司虧損的 1900 億日元減報為 500 億日元，並把隱瞞的巨額虧損留於事後沖銷，日本證券交易監督委員會對其歷史賬目展開調查。

受此事件影響，三洋電機當天股價跌了 28.8%，投資者信心一落千丈。此次事件，因與 2001 年「安然造假醜聞」在手段與金額巨大程度上都極其相似而備受人們關注，被媒體稱為日本的「安然事件」。

2007 年 3 月，有消息稱，日本證監會已決定不就財務報表問題起訴三洋電機，也不主張罰款。但是，外界對於此次造假醜聞對三洋的影響估計並不樂觀。作為典型的具備核心技術的日本家電集體中的重要一員，三洋在此之前已經逐漸失去了往日的強勢，它在經營上的衰落以及如此大膽在財務報告上做手腳，有很大一部份原因是出於對自身評價的過於自信，對所要面臨的風險沒有恰當的估計。

井植父子雙雙被「逐出」三洋，井植家族對三洋 60 年的控制就此告終。

1.「戰後派」的驚人發展

第二次世界大戰過後，一個叫井植歲男的人從製造自行車燈起家創立了三洋，並以一句「沒有錢不可怕，可怕的是沒有奮鬥精神」成就了三洋。

井植歲男是松下公司的創始人松下幸之助的內弟和助手，1947 年正值松下蒸蒸日上的時候，為了實現自己心中的夢想，他毅然告別了姐夫和在松下的高位，獨自在大阪創建了三洋，並於 1950 年正式成立三洋電機株式會社。1954 年三洋電機在大阪證券交易所及東京證券交易所上市，成為日本第一家生產銷售噴流式電動洗衣機的公司。在日本的電子工業史上，三洋曾經跟新力、松下形成三足鼎立的格局。

在鼎盛時期，三洋的股價遠遠超過了松下、東芝等死對頭。當時，東芝、NEC、松下、三星等日韓財團企業都採用整機生產為主的產品策略，而三洋在沒有財團體系支撐的環境下，無法將產業鏈由關鍵零件向整機生產延伸，也無法與競爭對手形成抗衡之勢。於是三洋採用美國式的經營思維，雖然涉及的產業領域相當廣泛，但實際上，三洋的核心產品仍在於其零件的生產能力。一些整機的生產則透過合資公司完成，或採用 OEM 方式委託生產。

自 20 世紀 90 年代後期以來，三洋實施 OEM 戰略，利用其精益求精的品質控制體系、完善的零配件供應系統來為其他公司代工，賺取加工利潤。

這一策略確實為三洋帶來了一定的輝煌。在 2000 年到 2002 年，因為日本經濟疲軟而使日本企業普遍遭遇經營危機的時候，三洋是業績表現最好的公司之一。

當時，三洋是全球最大的數碼相機 OEM 廠商，產量最高時佔據了全球的 30%，客戶名單包括新力、東芝、奧林巴斯、柯達等。它同時也是全球最大的電池 OEM 廠商之一，為日本同行、諾基亞手機等代工的電池，已經成為當時品質保證的標誌。此外，三洋 OEM 的產品還包括充電器、CPU 上的風扇、快閃記憶體、類比半導體晶片等。

1999 年《財富》雜誌全球 500 強排行榜上，三洋公司以營業收入 147.27 億美元，利潤 2.02 億美元，資產額 224.79 億美元，排名第 277 位。

三洋在世界各地都有其投資發展的足跡，其產品在海內外熱銷，SANYO 品牌彩色電視機在美國市場一度達到銷量第一。三洋的產品線也十分全面，從電視機、相機、MP3 播放器到洗衣機、微波爐、工業電池和電腦晶片，還開發了諸如面向油電混合車電池的新業務，這些新業務的銷售額最高達到 2000 億日元。

2. 三洋危機連連

在製造領域的輝煌，令三洋驕傲不已。長久以來，三洋一直沉浸在自身成就的喜悅之中，沒有及時地清醒過來，看清週圍商業環境翻雲覆雨般的變化，公司高層一直堅信加強在製造領域的優勢將是三洋無往不勝的法寶，所以三洋的危機幾乎就是從成功的頂峰開始的。

由於僅靠生產就能贏得各類大單，三洋對研發的投入越來越不重視。儘管從表面看，每年三洋研發的經費都有所增加，但實際上經費都只用於生產線的改進，而非新產品的開發。

隨著商業環境的迅速改變，三洋面臨著前所未有的挑戰。多年來，三洋的競爭對手不斷加大研發的力度，紛紛生產出了新的產品，並在一些領域上取得了飛躍。當三洋慵懶地睜開惺忪的睡眼看清這個世界的時候，它已經在技術開發、產品創新、市場銷售和經營管理等方面遠遠地落後於別人。當年缺乏研發能力、不得不向三洋購買機芯產品的新力、東芝、三星等如今已經有了自己的替代產品，產業鏈向前延伸，三洋的大客戶們搖身一變成為了其強勁的競爭對手。而三洋原來的對手松下則暗中加強了半導體事業的研發，並在這個基礎上，開展了等離子電視業務，同時在 AV 領域中取得了飛躍。三洋的狂妄自大使得自己將這些傳統優勢領域拱手讓出。

經過 2001 年的輝煌後，從 2002 年到 2004 年，三洋的利潤一直都未達到銷售收入的 2%。到 2004 年年底，從 DVD 播放器到洗衣機，三洋消費品部門淨收入的跌幅高達 20%。

在 2005 年，代工策略的缺陷終於引起了三洋的全面潰敗。隨著全球數碼相機市場的增長開始放緩，各個廠商開始調整出貨量，三洋的數碼業務開始出現大規模萎縮，數碼相機部門的利潤下跌了 3%。同時，三洋的另一個利潤支點——手機業務也因手機降價潮而陷入低迷，並由於缺乏一流的技術創新而不斷被松下、LG、三星等趕上……

產品的技術變革已經給三洋帶來了巨大的損失，天災又趁機襲擊了三洋。2004 年 10 月，日本新瀉市小千谷附近發生了 6 級地震，導致三洋電機的核心業務半導體的新瀉三洋電子，在地震發生後不久停電，生產線全數停擺，造成高達 11 億美元的損失。這是三洋歷史上虧損最為嚴重的一次，三洋從此一蹶不振。

然而，雖然說是天災，但是也有人禍的成分。新瀉一帶被公認為是地震的頻發地區，當時，松下、夏普等公司的工廠也遭受毀滅性破壞，但是這些公司因為拿到了數額不菲的保險賠償最終渡過了難關。然而，當時三洋的總部由於處於高層調整期，管理層忙於內部的政治鬥爭而沒有讓包括半導體工廠在內的子公司參加地震保險，由此對於地震造成的損失只能自身吸收損失。

天災之後，品質問題更是讓三洋雪上加霜。2006 年 12 月，日本頭號移動運營商 DoCoMO 宣佈，召回三洋公司製造的 130 萬套手機電池，原因是用戶反映這批電池存在過熱和斷裂故障。手機電池召回事件給三洋帶來了約合 1700 萬美元的損失。2007 年年初，三洋電機公司再次無奈啟動新一輪的召回。電池風波未平，三洋的洗衣機又出了問題。由於洗衣機存在起火隱患，2007 年 1 月，三洋宣佈對 2002 年 4 月至 2004 年 6 月出售的全部 164 萬台洗衣機進行召回處理。2007 年 3 月，聯想又宣佈召回 ThinkPad 筆記本電腦中使用的部份三洋鋰離子長壽命電池，數量約 20 萬塊。對於消費者來說，三洋的品牌已經越來越不值得信賴了。

3.試圖改革扭轉局面

在公司不斷面臨困境之時，公司高層也試圖透過不斷的改革來扭轉敗局。2003 年年初，意識到危機的管理層進行了一次大規模的組織性改革，一方面將總部原來的 900 人裁減至 370 人，另一方面將集團的事務部細分為 300 個業務單位，重視成本的業績評價制度以及新的執行董事制度，規定指明業務單元以三年為限，不能達到贏利水準者立即裁掉。同時，集團引進一個名為「合約年薪」的薪酬制度，意指相關人員年薪會根據達標程度而於 80%～120%浮動。

三洋將長工制度改為三年任期制，不能達到公司目標者期滿便要離職。本來外界對以上改革十分看好，但 2003 年財務數據顯示，三洋子公司依然出現高達 1900 億日元的重大虧損。日本媒體報導指，三洋的高層知道用一年時間改革根本不夠，但也明白投資者不願與三洋一起冒險，於是為了穩定投資者的信心開始造假。

2003 年，公司的帳面上還保持了贏利，但到了 2004 年，虧損已經難以遏制。2005 年 3 月公佈的 2004 年度財務報告上，三洋虧損達到最高峰的 11 億美元。2005 年上半年淨虧 12 億美元後，三洋宣佈進一步推行改革自救措施，其中包括委任原為公司外部董事的野中知世為三洋主席兼 CEO。但是，野中知世根本難以扳回敗局，2005 年，三洋的虧損達到 1715 億日元；2006 年，三洋虧損更是達到 2057 億日元。

除了對企業內部進行組織上的改革，三洋也積極地出售一些業務。2005 年 10 月，GE 向三洋提出收購三洋電機信貸的計劃。當時，三洋正與三井就此進行談判。然而，最後三洋電機信貸既沒有落入 GE 囊中，也沒有為三井所得，而是被高盛這隻大麻雀所捕獲。2005 年 12 月，為了換取高盛對三洋的投資，三洋不得不將三洋電機信貸的大部份股權賣給高盛。高盛以 330 億日元獲得了三洋電機信貸 42%的股權。據估計，這部份股權大約能賣 479 億日元。也就是說，僅持有一年多時間，高盛兵不血刃，其收益就超過了 140 億日元。三洋在三洋電機信貸公司的持股比例降到 19.1%，後又進一步減至 16.7%。不過，高盛並無興趣親自管理三洋電機信貸。因此，當 GE 公司於 2007 年 3 月再次提出收購三洋電機信貸時，高盛毫不猶豫地就鬆手了。

2006 年 2 月 8 日，帳面已是「衣不蔽體」的三洋不得不向股東宣佈，實施增資計劃，吸收高盛集團、大和證券與住友三井金融集團集體注資 3000 億日元(25 億美元)，用於恢復財務健康，並推進結構變革。然而，令三洋和井植家族始料不及的是，三洋的改革還未見成效，假賬醜聞的曝光就將其推進了難以翻身的泥潭。

4. 身陷假賬醜聞

2007 年 2 月 23 日，距離三洋電機 2006 財年結束的 3 月 31 日還差 30 餘天，三洋被日本媒體曝出涉嫌在 2004 年度對子公司的賬目進行粉飾，對子公司原本虧損的約 1900 億日元未能全部列賬，只在對外的財報披露中填寫了 500 億日元的虧損。

日本《朝日新聞》披露，在 2004 年 3 月結束的財務年度中，三洋實現淨利潤 134 億日元，但次年淨虧損卻高達 1371 億日元，在截至 2006 年 3 月底的會計年度淨虧損 2057 億日元，落差之大，讓人咋舌。事實上，三洋公司 2004 年的利潤是靠著對控股子公司的虧損並未做並賬處理的手段粉飾出來的，還將大部份虧損延後沖銷。如果把虧損完全寫入財報，公司將顯示出赤字。對此，三洋方面解釋未沖銷虧損，之所以瞞報虧損是因為他們相信這些損失能在很短的時間內得以彌補。豈料事與願違，這家子公司的虧損日益加深，因此三洋不得不在 2005 年的財報中披露了這一數據。日本金融監管機構也對三洋電機的歷史賬目介入調查。三洋電機偽報假賬的消息一傳開，三洋股票在東京股市上遭遇了拋售狂潮，股價一天內大跌 21%，市值損失了 860 億日元(約 707 億美元)，蒸發了 1/5。

2007 年 3 月 2 日，三洋發表「否認做假賬」澄清聲明，指「我們不認為曾經做假，但我們還是決定接受當局的意見，自行進行修正」。三洋此舉是為了避免出現日本證監會要求金融廳命令該公司修正的情況。這之後，有消息稱，日本證監會已決定不就財務報表問題起訴三洋電機，也不主張罰款。

但是在本來就不景氣的經濟大背景下，此次造假風波對三洋無疑是一個重大打擊，有可能徹底摧毀投資者和客戶對企業所剩無幾的信心。受「假賬案」影響，三洋電機宣佈將解散其與海爾合資的設在大阪的「三洋海爾」公司，緊接著又宣佈將再解散兩家子公司。

5.家族統治的終結

在造假案之前，三洋歷屆最高領導都是來自井植家族的人：井植歲男之後，他的兩個弟弟先後出任社長，隨後井植歲男的長子井植敏成為公司的董事長和首席執行官。井植敏擔任該公司總裁兼主席近 20 年時間，於 2005 年卸任。其後，其子井植敏雅接任。2007 年 4 月 2 日，受造假醜聞的影響，井植敏雅辭去三洋電機總裁一職，由現任副總裁佐野一郎接任，時任公司最高顧問的井植敏也宣佈離任。這標誌著井植家族對三洋公司長達 60 年的統治時代結束。此時，高盛已經成為了三洋頭號大股東，接管了董事會並開始積極掌控公司管理。

二、案例分析

從 2003 年以來，曾經輝煌一時的三洋噩夢連連，險些被證監會摘牌，甚至面臨破產的危險。而在日本顯赫一時的井植家族也黯然地將祖輩苦心經營起的三洋拱手讓給了資本大鱷們。三洋的危機有天災，更多的是人禍，對業界快速變化的遲鈍反應以及對產品品質保障的不足都使得其經營業績以及品牌聲譽大打折扣。而在財務上造假更是折射出公司內部控制的嚴重缺陷。

1. 對內外部風險評估不足

以三洋為代表的日本電子業在 20 世紀憑藉著高品質和低於歐美的價格在全球享有盛名。一段時間以來，日本整個電子業的戰略是想靠自己的關鍵技術優勢固守一個高利潤的市場。然而隨著科技全球化的不斷發展，技術越來越容易被模仿，資金供應充足的研發體系讓技術更新以前所未有的速度加快，這種技術變革趨勢留給技術獨佔者的商業化時間非常短暫。在這個時候，誰越早開始變化，誰就越能搶得先機。

三洋的失敗幾乎就是從成功的頂峰開始的，原因就是三洋沒有及早地意識到這種變革會給自己帶來如此大的衝擊，它既沒有對自身的研究開發、技術投入、信息技術運用等自主創新因素進行合理的評估，也忽視了對業界技術進步、技術改進等外部科學技術因素方面風險的防範，使其只能眼睜睜地看著昔日對手紛紛拿出新的創新產品參與市場競爭，而自己則原地踏步。如果技術不能滿足市場的需求，市場就不會收回足夠的可用於技術研發的資金，就又不能進行新的技術研發，如此惡性循環下去，企業就會被市場遠遠地拋在後面。三洋面臨的就是這樣一種情況。

三洋之所以出現了研發上的落後，就是因為其長期迷戀於代工所帶來的豐厚利潤。由於僅靠製造加工就能贏得訂單，三洋只注重眼前的利益，只進行生產線的改良，而不進行產品的更新，致使自己長期以來缺少富有核心競爭力的產品，同時也忽略了對一線技術人員工作積極性的激發。如果三洋能夠建立良好的風險評估機制，準確識別與實現控制目標相關的內部風險和外部風險，對自身的產品及研發能力以及整個行業產品及技術革新有全面的分析，就會知道不在產品生產上有所進步會使得公司的內在價值被無情地削弱，也就不會漠視研發的重要性。三洋應當結合不同發展階段和業務拓展情況，及時調整產品類型。不應該著眼於小利，只靠替其他品牌生產產品為主業，不發展自有核心產品，而被其他國家競爭對手以多方面的新產品迎頭趕上。

2.家族企業的管理弊端

和大部份家族企業一樣，三洋一直被井植家族牢牢地控制著，這種情況可能會導致公司的治理結構不能達到監督和制衡的作用，會使得一些戰略上的決策過於盲目和專斷。同時，公司的治理不規範，就會使得公司內部控制環境存在弊端，嚴重影響內控的建立健全。井植家族作為大股東唆使公司財務人員不對子公司的巨額虧損做並賬處理的行為，正是鑽了公司內部控制存在嚴重缺陷的漏洞。這種瞞報將會給小股東帶來嚴重的影響，也會嚴重損害公司的聲譽和形象，以及公眾對於公司的信心。所以三洋作為一家上市公司，更應該注重建立健全內部控制制度，防止大股東採用不正當手段損害公眾利益，應該完善會計系統控制，嚴格執行會計準則制度，保證會計資料的真實、完整，並建立檢查覆核機制。同時，企業還應當建立反舞弊機制，重點防範在財務會計報告和信息披露等方面存在虛假記載和重大遺漏以及董事、監事和高級管理人員濫用職權等問題。

「安然醜聞」塵埃未落，「三洋會計舞弊」又一次震驚了全世界。歷史真是驚人的相似。

◎案例 23　瑞典「紅牛」事件

一、案例介紹

相對於假冒偽劣產品而言，企業自身產品的安全性有著更強的隱蔽性，這類危機的普遍特點是產品本身並沒有問題，只是在特定情況下出現危機。這種危機一出現，會極大地挫傷公眾對企業產品的信任，如果處理不好將導致企業迅速失去市場。

2001 年 7 月中旬，瑞典公佈的一份官方報告指出，他們正在調查 3 名瑞典年輕人懷疑因喝了紅牛飲料而死亡的事件。據調查，這 3 名瑞典人中有兩個人是在喝過摻有酒的紅牛飲料後死亡的，而另一個人是在繁重工作後，連喝了數罐紅牛飲料，之後因腎衰竭而導致死亡。

不到幾天，馬來西亞衛生部宣佈，由泰國進口的藍字品牌罐裝紅牛飲料和奧地利進口的藍色罐裝紅牛飲料全面禁止在馬來西亞出售。紅牛功能飲料誕生在泰國。已經擁有 30 多年歷史，銷售遍及歐洲、美國、澳大利亞等 30 多個國家和地區的泰國紅牛維他命飲料公司，遭受了歷史上鮮見的重大危機。

2001 年 7 月中旬，瑞典公佈的一份官方報告指出，他們正在調查 3 名瑞典年輕人懷疑因喝了紅牛飲料而死亡的事件。據調查，這 3 名瑞典人中有兩個人是在喝過摻有酒的紅牛飲料後死亡的，而另一個是在繁重工作後，連喝了數罐紅牛飲料之後因腎衰竭而導致死亡。

不到幾天，馬來西亞衛生部宣佈，由泰國進口的藍字品牌罐裝紅牛飲料和奧地利進口的藍色罐裝紅牛飲料全面禁止在馬來西亞出售。紅牛功能飲料誕生在泰國，已經擁有 30 多年歷史，銷售遍及歐洲各國、美國、澳大利亞、中國等 30 多個國家和地區的泰國紅牛維他命飲料公司，遭受了歷史上鮮見的重大危機。

紅牛飲料是一種功能性飲料，它的主要成分有維生素 B6、維生素 B12、肌醇、牛磺酸、咖啡因和一些人體必需的氨基酸。這些成分表明，各功能成分均有益於人體，但同時也表明飲用過量對人體並沒有好處，尤其還有不少專家認為功能性飲料提供的「精力」確實含有綜合性興奮劑，例如，咖啡因或含有刺激成分的植物提煉劑。

紅牛飲料雖然自發明至今已有 30 多年的歷史，產品也行銷 50 個國家和地區，年銷量達到數十億罐，從未收到有關危害健康的投訴，也無任何一個國際權威機構證明「紅牛」有害健康。但是，如果飲用紅牛飲料恰巧導致了病人的死亡，那怕紅牛飲料不是死亡的主要原因，甚至與死亡毫無關係，由於人們對紅牛飲料安全性的懷疑，就很容易將死亡歸罪於紅牛飲料，這樣紅牛公司就會不可避免地面臨危機。由於人們對紅牛飲料安全性的懷疑，紅牛飲料具有一定的安全危機風險。

紅牛公司在進行危機風險識別時，就應該考慮到這種產品的安全危機風險。而且，也應該能識別出這種安全危機風險，因為有一些飲料和保健品生產企業曾經出現過這樣的危機。如我們上文提到的比利時「可口可樂中毒」事件引發的可口可樂的安全危機。

最可能發生的情況是，紅牛公司在對產品的安全危機風險評估中，低估了這種危機風險。可以看出，紅牛公司對出現紅牛飲料的安全危機沒有太多的準備，說明紅牛公司的危機風險識別或危機風險評估存在一定的問題。

紅牛公司指出，作為一種精心配製的功能性飲料，紅牛所含各種成分具有不同的功能效用，並透過相互間的協同作用，幫助飲用者消除疲勞、提神醒腦、補充體力。

詳細研究這些成分(罐側明示)，例如，維生素 B6 能促進新陳代謝，抗貧血、結石、結核病和神經系統紊亂；維生素 B12 有助於保護神經組織、促進新陳代謝、抑制貧血；肌醇可以減少血液中的膽固醇和膽鹼的結合，預防動脈性脂肪硬化，保護心臟和肝臟。大家都知道紅牛中含有的維生素是人體內不可缺少的營養成分。紅牛還含有一些人體必需的氨基酸，如賴氨酸具有促進蛋白質合成的功能，可以改善腦功能、抗氧化的牛磺酸更是人體內不可缺少的營養成分。除了這些成分，紅牛中還含有咖啡因 50 毫克，該含量低於一杯咖啡或袋泡茶。由此表明，各功能成分均對身體無害。

紅牛公司積極地向政府有關職能部門、行業協會進行彙報，同時也更加歡迎各部門、協會及新聞媒體加強對紅牛產品的監督並及時發佈客觀公正的信息。

紅牛此次的新聞懇談收到了一定效果，不少媒體都報導了懇談的內容，許多報紙對紅牛都做了肯定的結論。

二、案例分析

紅牛飲料是一種功能性飲料，它的主要成分有維生素 B_6、維生素 B_{12}、肌醇、牛磺酸、咖啡因和一些人體必需的氨基酸。這些成分表明，各功能成分均有益於人體，但同時也表明飲用過量對人體並沒有好處。尤其還有不少專家認為功能性飲料提供的「精力」確實含有綜合性興奮劑，例如咖啡因或含有刺激成分的植物提煉劑。

紅牛飲料雖然自發明至今已有 30 多年的歷史，產品也行銷 50 個國家和地區，年銷量達到數十億罐，從未收到有關危害健康的投訴，也無任何一個國際權威機構證明紅牛有害健康。但是，如果飲用紅牛飲料恰巧導致了病人的死亡，那怕紅牛飲料不是死亡的主要原因，甚至與死亡毫無關係，由於人們對紅牛飲料安全性的懷疑，就很容易將死亡歸罪於紅牛飲料，這樣紅牛公司就會不可避免地面臨危機。由於人們對紅牛飲料安全性的懷疑，紅牛飲料具有一定的安全危機風險。紅牛公司在進行危機風險識別時，就應該考慮到這種產品的安全危機風險。而且，也應該能識別出這種安全危機風險，因為有一些飲料和保健品生產企業曾經出現過這樣的危機。

最可能發生的情況是，紅牛公司在對產品的安全危機風險評估中，低估了這種危機風險。從案例中可以看出，紅牛公司對出現紅牛飲料的安全危機沒有太多的準備，說明紅牛公司的危機風險識別或危機風險評估存在一定的問題。

三、決策行動

1. 利用媒體向公眾澄清事實

2001 年 7 月 24 日下午，紅牛維他命飲料有限公司與新聞媒體懇談，對沸沸揚揚的所謂「瑞典紅牛風波」做出回應。公司聲稱：向消費者負責是紅牛公司的一貫宗旨，公司置消費者利益於第一位。過去，「紅牛」從未發生過任何品質問題，今後也將更加嚴把品質關。將來一旦有任何品質問題，紅牛公司將負完全責任。

紅牛公司還指出，作為一種精心配製的功能性飲料，紅牛所含各種成分具有不同功能效用，並通過相互間的協同作用，幫助飲用者消除疲勞、提神提腦、補充體力。

詳細研究這些成分(罐側明示)，例如維生素 B6 能促進新陳代謝、抗貧血、結石、結核病和神經系統紊亂；維生素 B12 有助於保護神經組織、促進新陳代謝、抑制貧血；肌醇可以減少血液中的膽固醇和膽鹼的結合，預防動脈性脂肪硬化、保護心臟和肝臟，大家都知道紅牛中含有的維生素是人體內不可缺少的營養成分。紅牛還含有一些人體必需的氨基酸，如賴氨酸具有促進蛋白質合成的功能。可以改善腦功能、抗氧化的牛磺酸更是人體內不可缺少的營養成分。除了這些成分，紅牛中還含有咖啡因 50 毫克，該含量低於一杯咖啡或袋泡茶。成分表明，各功能成分均對身體無害。

2. 積極進行溝通

紅牛公司積極地向政府有關職能部門、行業協會進行彙報，同時也更加歡迎各部門、協會及新聞媒體加強對紅牛產品的監督並及時發佈客觀公正資訊。

紅牛此次的新聞懇談收到了一定效果，不少媒體都報導了新聞懇談的內容，許多報紙對紅牛都做了肯定的結論。

四、案例點評

哈佛大學企業管理專家湯姆金認為，一般企業處理此類危機正確的做法大體有三步：一是收回有問題的產品；二是向消費者及時講明事態發展情況；三是儘快地進行道歉。以此對照，可以看出紅牛第一點並沒有照辦，當然在原因還沒有查明前，紅牛飲料還不能定論為「問題產品」；而第二點紅牛做得非常及時和完善。在反映速度上，也可以說是比較迅速的。

當然，紅牛事件的危機處理中還存在著幾點欠缺。

首先，紅牛公司沒有對 3 名瑞典青年因喝了紅牛飲料而導致死亡的事件展開調查，使該事件一直沒有明確的答案，也沒有權威機構發表聲明，表明紅牛飲料與 3 名瑞典青年的死亡無關。這樣，紅牛公司不管如何為紅牛飲料的安全性辯護，但沒有從根本上消除人們對紅牛飲料安全性的顧慮，也就是說，紅牛公司在危機反應中，沒有解決危機的重要方面(即紅牛飲料與 3 名瑞典青年的死亡無關)。

其次，紅牛飲料的安全性在醫學理論上缺乏強有力的說服力。紅牛公司只是證明了喝一瓶或少量的紅牛飲料是安全的，如一罐紅牛飲料的咖啡因含量為 50 毫克，該含量低於一杯咖啡或袋泡茶，但不能說明大量飲用是否安全，所以不少專家對功能飲料的普及也表示出了一些擔憂。

在商業活動中，經營管理不善、市場訊息不足、同行競爭、甚至；遭遇惡意破壞等，加之其他自然災害、事故，都使得現在大大小小的企業危機四伏。所有這些危機、事故和災難作為一種公共事件，任何組織在危機中採取的行動，都會受到公眾的審視。一個組織如果在危機處理方面採取的措施失當，將使企業的品牌形象和企業信譽受到致命打擊，甚至危及生存。

◎案例 24　美國火石輪胎公司遭遇米其林

一、案例介紹

美國火石輪胎製造公司(以下簡稱「火石輪胎公司」)是由哈韋創立的，自創立 80 年以來，連續保持著良好的業務增長勢頭，位居美國輪胎製造業的頭把交椅，並且將其競爭對手固特異公司遠遠地甩在後頭。

後來，火石輪胎公司面對以「子午線輪胎」爭天下的法國米其林輪胎製造公司的挑戰，並沒有無動於衷，而是心急火燎地對自己的「看家產品」——傳統輪胎進行更新換代，以求速戰速決，把世界輪胎製造業的「初生牛犢」斬落馬下，力保自己在世界輪胎製造業的霸主地位。

可是，火石輪胎公司怎麼也理不清改革創新與保持傳統兩者之間的辯證關係，既想從改革的創新中撈足好處，又想吃保持傳統的老本，結果卻事與願違地在「改革傳統兩相宜」的虛幻中迷失了方向。直到 1988 年，火石輪胎公司終於未能在危機集中爆發之際採取正確的應急策略，最終還是難逃被一家日本公司收購的命運。

火石輪胎公司的失敗正是由於該公司長達 80 年的成功發展經歷，使得該公司在戰略、價值觀與客戶和僱員的關係，以及運作和投資的模式方面都已經固化和缺乏彈性，公司似乎建立了一個公式。公司的所有經理人也都堅信，只要按照這樣的公式進行投入和分配資源，就認為公司照樣可以取得成功。

然而，事實卻在一夜之間發生了變化，歐洲米其林公司將新型的子午線輪胎引入到美國市場，這種輪胎比火石輪胎公司所生產的傳統型輪胎更耐用、更舒適、更經濟。米其林公司依靠其新產品——子午線輪胎，已經佔據了歐洲的主要市場，其產品進入美國市場後不久，美國最大的汽車製造商福特公司即於 1972 年宣佈其所有的新產汽車將全部使用子午線輪胎，這也就意味著米其林公司佔領美國輪胎銷售市場已為期不遠。

應對米其林公司最近開發出的子午線輪胎，火石輪胎公司卻「處變不驚」。因為早在 20 世紀 60 年代，當子午線輪胎在歐洲市場上侵佔火石輪胎公司的市場比率時，火石輪胎公司就已經清楚地預見到子午線輪胎將會很快被美國的汽車製造商和消費者所接受。事實上，火石輪胎公司預見到了來自子午線輪胎的威脅，並且採取了行動。火石輪胎公司在當時就投資了近 4 億美元(相當於現在的 10 億美元以上)，用於開發生產子午線輪胎，公司專門成立了一家生產子午線輪胎的新公司，還將幾家生產傳統型輪胎的公司進行技術改進，專門生產子午線輪胎。

面對市場的劇烈變化，火石輪胎公司的反應是夠快的了，但卻沒有收到效果。因為，火石輪胎公司雖然對新產品進行了投資，但卻沒有按照新產品的要求改變以往的生產流程。作為新產品的子午線輪胎對生產技術和工序的要求都高於傳統輪胎，因此，必須改造原有的生產流程才能保證新產品的生產品質和效率，尤其是在面對傳統輪胎即將被淘汰的形勢下，火石輪胎公司沒有及時關閉那些生產傳統輪胎的公司，而是讓這些公司繼續按照原來的方式運作。

到了 1979 年，火石輪胎公司的內部矛盾進一步激化。公司的生產能力只有原來 59%的開工量，國內的業務銷售額下降了 2 億美元。

新型的子午線輪胎具有較好的耐用性，是傳統輪胎壽命的兩倍，這也使得美國市場對輪胎的需求增長趨緩。但火石輪胎公司的經理們仍然堅信需求仍在如過去一樣快速增長，他們甚至浪費了大量的精力和資源去論證，並說服董事會，沒有必要去關閉一些公司。火石輪胎公司的市場佔有率逐步拱手讓給了外國公司，公司不斷地遭受被兼併的威脅。

由於哈韋在發展戰略、價值取向、客戶聯繫、勞資關係、服務宗旨、投資規模、經營方針、管理理念、分配方式等重大決策問題上，越來越迷戀於一成不變的固定化模式，致使美國火石輪胎公司在越來越激烈的市場強強對抗中反應遲鈍，難以迅速而準確地採取應變舉措。

雖然哈韋也意識到了市場巨變所帶來的生存危機，深入研究了各大汽車製造廠商的需求變數，採取了不少應急招數，但是，由於他念念不忘「以不變應萬變」的被動法術而不願輕易改變原有的經營管理模式，結果白白貽誤了革新圖強的絕佳時機，最後不得不看別人臉色行事，一步一步地走進自掘的墳墓。

正是由於哈韋這「寧可保守死，絕不變革生」的影響，才使得美國火石輪胎公司決策層的每一位人士，都生成了一種處變不驚的心態——「只要按哈韋總裁的既定方針辦事，我們公司就一定能在風雨變幻的市場競爭中，盡顯長壽型企業集團的無敵風采」，結果卻把美國火石輪胎公司推進了「牆倒眾人推」的運營險境，最後被吞併。

由此可見，哈韋及其公司決策層的最後失誤，不是沒有適時採取應急招數，而是倉促上陣並無有的放矢之策，結果怎麼也打不好改革創新這場攻堅戰。

1972 年，米其林輪胎製造公司以迅雷不及掩耳之勢強行挺進美國汽車輪胎市場，並獲得了美國福特汽車製造公司的青睞，也給哈韋一個不小的打擊。這時的哈韋倉促上陣，慌忙招架，但卻難以抵禦子午線輪胎的強大攻擊力，不得不在吃了「捨不得老本，又想獲新利」的啞巴虧之後敗下陣來。到了 1979 年，火石輪胎公司的經營管理狀況一點改觀都沒有，反而陷入了越來越深的危機之中而難以自拔——生產能力已大幅度縮減，但由於傳統輪胎的市場需求越來越少，不得不斥鉅資租借倉庫來存儲滯銷輪胎；接著又匆忙推出「子午線輪胎」，但由於品質不過關而引發的投訴率居高不下，致使公司在美國輪胎市場的銷售額猛降了 2 億美元之多。

而此時的哈韋及其公司決策層卻不迷途知返，仍舊一味地死守著傳統輪胎的製造領地不思變，甚至不惜耗費巨大的人力、物力、財力，強詞奪理地論證不能關閉傳統輪胎製造廠的種種依據，最終脅迫火石輪胎公司董事會違心做出了「傳統輪胎與子午線輪胎一起抓，兩條戰線齊頭並進」的錯誤決定，人為地縮短了火石輪胎公司的企業壽命，一步一步地走上了瀕臨倒閉破產的不歸路。

到了 20 世紀 80 年代後，火石輪胎公司日漸衰落。全體股東和員工不忍心看著火石輪胎公司就此消失，被迫喊出了「不換思路就換人」的救亡圖存心聲。面對眾怒，火石輪胎公司董事會不得不做出「深化改革」的生死抉擇，耐心勸說哈韋退出了領導層，高薪聘請一位享譽美國工商界的「改革快刀手」。期盼他能率領美國火石輪胎公司突出重圍，再鑄輝煌。誰知這位新首席執行官一上任，未經任何調研考證就完全拋棄了火石輪胎公司在傳統輪胎產銷領域的競爭優勢，把改革推向了「舊的不去，新的不來」的極端。這位新首席執行官試圖儘快把火石輪胎公司從經營很不景氣的泥潭中拉出來，誰知操之過急，「欲速則不達」，竟陰差陽錯地把「漸進式改革」演化為「激進式革命」，迫使火石輪胎公司加速滅亡。到 1988 年，曾經稱霸全球的美國火石輪胎公司，最終被日本石橋輪胎製造集團兼購。

二、案例分析

作為一種沿襲既往企業行為模式的組織趨勢，企業行為慣性更容易導致企業對環境變化反應遲鈍或失當，諸多曾經成功的企業亦常常因此遭受最終失敗的厄運。成功常孕育行為慣性，行為慣性則易導致失敗，但企業失敗並非其成功的必然結果，墜入行為慣性之中的企業當選擇有效的方式獲得復興。

美國火石輪胎公司盛極而衰的原因，雖有市場變化帶來的不利影響，但主要還是其決策層的行為慣性導致了重大失誤引發後來的種種危機。

從案例來看，一個優秀的企業走向失敗的根本原因不在於企業不能根據市場變化採取措施，而在於企業不能根據市場變化採取正確的措施。通常企業不能採取正確措施的原因又來自於企業的「行為慣性」。行為慣性包含兩方面的含義：一是不能採取行動以適應市場環境變化，靜止不動，即所謂的「以靜制動」；二是不能改變目前的思維方式、行為模式、經營方向和戰略規劃等，一切歸於運作。具有行為慣性的企業，往往會執著地堅持那些過去曾為企業帶來成功的思維方式和工作模式，認為只要堅持過去的成功經驗，一切都會柳暗花明又一村，但他們往往卻忘了西方的一句諺語：「當你想把球挖出洞時，你卻把洞越挖越深。」

企業必須明白：今天要獲得成功，就需要小心對待習以為常的傳統，在一個快速變化的時代，創新的做法才會避免危機，取得勝利。

心得欄

第 13 章

常見的危機公關策略

重點解析

公關危機一旦出現，企業就應立即對其做出反應，採取各種果斷措施，進行人員、產品和事件等方面的隔離。控制危機蔓延態勢，努力使公關危機所造成的損失降低到最低程度。

在對危機隔離的同時，需要全面地調查情況，瞭解到事實的真相，找出危機的源頭，確認危機的類型。

在掌握了危機事件的全面資訊資料的基礎上，綜合研究資訊，制定解決危機的對策。

在企業內部，坦率地安排各種交流活動，保證內部及時溝通，增強企業的透明度和員工的信任感。以積極主動的態度，動員員工參與決策，同時進一步完善管理制度，規範企業行為。

在企業外部，首先要對危機中受害的消費者主動道歉，積極承擔責任，並給予物質補償。對新聞媒體，要本著合作的態度，統一口徑，主動將事件的真實資訊通過媒體傳播出去，從而告知公眾危機後的新措施和新進展。另外，要有針對性地開展一些有益於彌補形象的公共關係活動，設法提高企業的美譽度，改變公眾對企業的不良印象。

企業在處理各種可能影響到企業形象的事情時，一定要站在公共關係大局的角度來衡量得失，優先考慮消費者的利益得失。妥善處理危機，以積極的態度去贏得時間，重新建立起關心和維護消費者權益的良好形象。

一、防禦式化解策略

有些危機是可以提前預見的，防禦式策略的指導就是在事先採取防範措施，將危機消滅在萌芽狀態。這一策略是為了防止不利於組織生存發展的消極因素發生，為組織掃清道路，開闢良好的社會環境。

1. 適用條件

防禦式策略適用於所面臨的公共關係危機可以提前預見的情況，其出發點在於及早預見可能出現的危機，迅速採取行動，而不至於在危機突然出現時措手不及。

2. 掌握防禦式策略的處理要點

①加強危機意識

由於危機的隨時性與突發性，企業必須加強危機意識。平時對企業的自身狀況、環境變化及可能遇到的問題都要有清醒的認識和把握，隨時做好準備，根據形勢改變經營戰略，迅速識別出各種可能潛伏的危機和問題，避免危機發生。

②做好危機監測

安排專人收集各種反映危機跡象的資訊，找出最可能出現危機的部份及區域，捕捉各種問題或危機的苗頭，以便深入分析危機跡象產生的原因，合理預測危機跡象的發展趨勢，並根據情況及時做出警報，以便調整組織的策略和行為，避免危機的發生。

③採取防範措施

一旦發生了危機的徵兆，企業意識到問題的原因就應立即採取對策，及時調整工作方向和政策、方針，把危機消滅在萌芽狀態。

二、快速化解策略

快速化解策略主要指企業通過自身力量來消除危機事件的影響，主要強調出手速度快，即快速控制事態發展，化解危機影響。

1. 適用條件

企業完全能夠獨立解決的、影響範圍較小的危機事件，可以用快速式策略來處理，如產品品質上的缺陷、媒體誤報事件等。

2. 快速化解策略的處理要點

①迅速平息公眾憤怒

一旦企業的產品或服務被顧客提出異議，就需要迅速解決，表明企業的態度，化解公眾可能出現的憤怒與不滿，解除公眾的後顧之憂。

②儘快控制事態發展

快速式策略強調控制事態快，即迅速截斷危機事件的傳播管道，縮減危機事件的涉及範圍，儘量將危機造成的損失縮減到最小。如果是本企業生產的產品品質問題引起危機時，就要迅速收回不合格產品，避免進一步擴散，或者立即組織檢修隊伍，對不合格產品進行逐個檢驗，並通知銷售部門立即停止銷售這類產品。

三、矯正式化解策略

矯正式化解策略是指當企業出現危機時，及時糾正企業日常經營管理中的不當之處，盡力減輕損害結果，將危機事件對企業形象造成的不利影響扭轉過來。矯正式策略重在改善引起危機發生的不利方面，重新塑造企業在公眾心目中的形象。

1. 適用條件

當企業面臨不利輿論影響或遭到公眾責難時，可以採用矯正式策略來化解危機。通過開展矯正性活動，穩定輿論、平息風波，達到儘快恢復企業形象的目的。

2. 矯正式策略的處理要點

①加強溝通，闡明真相。

外部環境有可能導致企業陷入困境，如自然災害、經濟環境、不正當競爭、政策法規等因素都可能引發危機事件。對於這類危機，運用矯正式策略處理的重點在於加強企業與媒體、消費者、政府等社會公眾的溝通，迅速查明原因，向公眾闡明真相，通過真實的資訊糾正公眾對企業的錯誤認識和誤解，以此平息風波。

②真誠道歉，加強規範。

對由於員工素質低下、管理不規範、公關行為失當等原因而引發危機事件。處理的重點在於坦誠認錯，加強規範，通過知過必改的態度來矯正組織形象，爭取公眾的理解與支持，重新獲得公眾的信任。

四、進攻式化解策略

進攻式策略強調通過主動的出擊，加大公關攻勢，消滅危機發生的源頭，爭取廣大公眾信任、支持及好感，提高企業的知名度和美譽度。

⑴適用條件

當企業與外部環境發生矛盾衝突，危機近在眼前，可以果斷地採取進攻型策略，即找準時機，策劃公關活動，重新恢復企業形象。這種方法常用於受害性危機，如企業遭到假冒品的衝擊，競爭對手惡意散播謠言等，對此採取正面反抗，以攻為守，創造新局面。

⑵進攻式策略的處理要點

①公之於眾

通過新聞媒體將假冒偽劣者的行為公諸於世，比較真假產品在包裝、性能、壽命、售後服務等方面的區別。

②審時度勢

尋找進攻的突破口，要宣傳正牌產品的識別技術，告誡公眾不要上當。進行有理有據的、形象而生動的宣傳，使廣大公眾知曉並認同正牌產品。

③訴諸法律

如果和平的手段難以解決爭端，可以利用法律武器來維護組織的合法權益。如將生產假冒偽劣產品的廠商告上法庭，以討回公道，重塑組織的形象。但這種方法要慎用，使用不當，往往會出現贏了官司，輸掉信譽的「兩敗俱傷」局面。

五、間接式化解策略

間接式化解策略是通過權威機構、專家的證實來為企業正名。即通過一系列策略來改變公眾原有的偏見，成功化解危機。

1. 適用條件

間接式策略用於依靠組織自身的力量，難以讓廣大公眾信服的公正性事件，即公眾的某種誤解已根深蒂固，企業自身所做的解釋難以起作用的情況。

2. 掌握間接式策略的處理要點

①依託權威機構

危機發生後，消費者必然產生抵制心理，此時最好的辦法是通過間接管道，依靠權威機構來證實，或者要求權威專家、學者發表看法，表示對組織及其產品的認同。例如可公佈權威機構的鑑定材料，召開專家學者座談會等形式。

②現身說法，增強可信性

可以邀請公眾親自試用，感受產品的性能與功用，用事實說話，或者邀請公眾信得過的人士來現身說法，以澄清事實，換取信任。

案例詳解

◎案例 25　危機管理的常見應對之策

一、案例介紹

企業管理人員，特別是企業最高領導人，對企業經營的成敗具有舉足輕重的作用。企業最高領導人（總經理或總裁）能力不夠，或過於保守，或任人唯親，是很多企業衰退的根源。即使企業危機不是由此引起，很多平時很能幹的企業總經理或總裁在危機來臨時，往往束手無策，無法使企業起死回生。因此，在企業陷入困境時，更換領導人往往是許多企業不得不作出的選擇。

領導人的更換，能改變企業的觀念和內部環境，為企業再度崛起指明新的方向。

國外很多企業都通過更換企業最高領導人而擺脫危機，使企業再度崛起。義大利首屈一指的菲亞特汽車公司是菲亞特集團的一個組成部份，在義大利汽車業中首屈一指，被列為世界十大汽車公司之一。誰也不會想到，這樣一個名聲顯赫的公司，在 1979 年以前的十年裏，竟是個面臨倒閉的公司。

當時，由於石油漲價、舊的管理模式的束縛、僵硬的工作方式和為了炫耀大公司之名而超需要地僱用工人，造成薪資成本大幅度上升，使公司開支劇增，加上汽車銷路大跌，公司財務連年虧損。公司再也沒有力量將陳舊而單一的生產線改造更新了。由於無法弄到再投資貸款，菲亞特公司不得不向利比亞政府求援。為了換取 4 億美元的投資，公司被迫將 33%的股票賣給利比亞阿拉伯對外銀行。在這樣的困境中，邊菲亞特集團的大亨們都產生了丟掉汽車公司這個包袱的想法。

在這種四面楚歌之時，深受菲亞特集團老闆艾格尤尼家族青睞的吉德拉於 1979 年應召出山。

時年 47 歲的維托雷· 吉德拉畢業於義大利都靈工業大學工程系，50 年代末曾在菲亞特集團工作過，60 年代起在瑞典滾珠軸承廠工作，並由於出色的成績而被任命為該廠負責人。他一向平易近人，不重禮儀，有著義大利西北部皮埃蒙特人腳踏實地、吃苦耐勞的品格。儘管有些人認為吉德拉不是家庭成員，經驗也不足，難以承擔挽救公司的重任。但是，菲亞特集團的老闆非常看重他的才華，力排眾議邀他到公司任職。同時，果斷地把菲亞特汽車公司從菲亞特集團中分離出來，並正式任命吉德拉為菲亞特汽車公司總經理，全權負責汽車公司的經營活動。

吉德拉到任後，果然不負所望，在老闆的支持下，「燒了五把火」，進行了一系列大刀闊斧的改革。

第一把火，是他果斷砍掉了虧損的海外機構，關閉了設在國內的 7 個效益欠佳的工廠，大量裁減冗員，使職工總數從 15 萬降到 10 萬人。此舉使菲亞特公司卸下了沉重的包袱，大大減少了財政支出，增加了效益。

第二把火，是他為了提高生產效率，投資 50 萬美元改造生產線。這些措施是在公司仍然虧損和菲亞特集團無力投資的情況下施行的，吉德拉表現出了驚人氣魄。此舉使數以方計的精密機器投入了公司的生產和管理行列，使汽車生產由機械化轉入自動化，生產效率大幅提高，薪資成本支出大大減少。

第三把火，吉德拉大量採用先進技術，利用電腦和機器人來設計和製造汽車，大大提高了汽車的品質，加速了產品的更新換代，為菲亞特汽車擴大市場佔有率創造了有利條件。

第四把火，是他建立了一套嚴格而完整的財務制度和預算制度，使汽車銷售由過去的代銷制改為經銷制，公司財務狀況得到很大改善，經銷者的效率提高了。汽車銷量大增。

第五把火，是他改革了汽車零件的供應體系。過去是菲亞特汽車公司先向零件供應商訂貨，並交預付款。吉德拉上任後改為與供應商一手交錢，一手交貨，這就大大減少了資金佔壓，並促使供應商提高零件品質。

由於吉德拉採取了一系列擺脫危機的措施，使菲亞特公司很快走出了困境。公司人均年產汽車從 1979 年不足 15 輛上升到近 30 輛；一度高達 20%的曠工率降到 5%以下；2/3 的生產領域由機器人操作。1983 年，公司有了 5000 萬美元的盈餘，1984 年盈餘約為 2 億美元。汽車公司的穩定發展，也推動了菲亞特集團的發展。該集團在汽車公司的幫助下。1983 年盈餘為 15000 萬美元，從而提高了紅利，吸收了 3500 萬美元的股票。現在菲亞特汽車公司生產的汽車在義大利的市場佔有率達 50%以上，在歐洲市場上佔 6%以上，1984 年，菲亞特公司的汽車銷售量躍居歐洲首位。菲亞特公司的再度崛起，吉德拉立下了汗馬功勞。

菲亞特汽車公司在吉德拉的領導下擺脫了困境，使公司起死回生。實際上，不僅菲亞特汽車公司，許多企業在陷入困境時，都靠更換企業領導人擺脫了困境。

二、案例分析

企業領導人，特別是企業最高領導人的更換必須慎重。有些企業在更換了領導人之後，企業並沒有起死回生，反而使危機加重，困此，企業在決定更換領導人時，一定要認真挑選。能夠擔當使企業起死回生的重任的企業最高領導人，應該具備如下品質：。

1.善於變革

臨危受命的企業領導人必須具有較強的變革精神和能力，或者說，他應該是一位具有新觀念、新思維的改革領袖，這樣的人才可能抓住企業的問題實質，才可能有勇氣、有魄力大刀闊斧地改革。

2.善於處理危機

對企業處於繁榮時期的企業領導人與要使企業擺脫困境的企業領導人的要求是不同的，對於後者，特別要求其具有臨危不亂、處理危機遊刃有餘的能力。也許善於處理危機的人並不十分適合在企業處於繁榮時期擔任企業領導人，但是在企業處於困境時，必須要選拔、任用善於處理危機的人。

3.具有較高的威望

在危機時期，採取的許多措施可能要損及企業員工和原來的管理人員的利益，而只有各項措施得到執行後才能產生效果，因此臨危受命的領導人應該具有較高的威望，否則就會因下屬的反對而無法貫徹有效的整改措施。這種威望一般來自於三個方面，一是其本身過去的業績產生的威望，二是由企業老闆樹立起的威望，三是被任命者上任後所建立的自己的威望。在危機時期，沒有權威，將一事無成。

4. 身體力行

英國麥卡蘭-格林利伍德公司評價新任領導時說：「他從不閑著。」的確，一個企業領導人制定了措施，必須自己積極採取行動去督促執行。無論是吉德拉，還是亞科卡，在身體力行方面都是典範。如果沒有他們的身體力行，他們就不可能使公司起死回生。

5. 行動果敢

臨危受命的企業領導人必須具有行動果斷的特點。雷厲風行，「前怕狼，後怕虎」的人是絕不可能使企業擺脫困境的。行動果敢既是使企業迅速轉變逆境的需要，也是樹立領導者自身威望的手段，領導人威望提高了，也就更容易推行各項行之有效的政策。

6. 精神領袖

儘管在企業遭遇困境時，可以通過改善員工福利來激勵員工，但這方面的努力是有限的，因為已陷入困境的企業無此能力。那麼，靠什麼來贏得企業廣泛員工的支援，贏得員工對企業的忠誠，共同為企業擺脫困境而努力呢？創造積極的企業文化，引入新人價值觀念有著不可替代的作用，這裏企業領導人本身就應該是精神領袖。企業領導人在創造企業文化方面的作用是任何人都不可能替代的，企業領導人應該成為企業文化的宣導者和這種文化的象徵。

陷入困境的企業如果能夠找到具備上述品質的企業領導人，企業就可以迅速擺脫困境。

這裏我們沒有更多地論及企業高級和中級管理人員的更換對企業克服危機的作用，因為企業最高領導人的更換是企業擺脫困境的關鍵。如果企業最高領導人庸碌、保守，無論高、中級管理人員怎樣更換，也不會有多大的效用。而企業最高領導人更換的同時也就意味著整個管理階層的變動，因為新任領導人勢必會選擇他所信任的、有能力的、能成為其得力助手的管理人員，組成優秀的管理、班子，從而使企業擺脫危機。

還要指出，儘管很多國外企業在企業處於困境時都要更換企業最高領導人，但也有很多企業並不是這樣。企業陷入困境的原因很多，在有些情況下，留任原企業領導人仍是可以的。但是，企業領導人必須改變思維模式，引入新的價值觀念，採取切實有效的措施來使企業擺脫困境。同時，雖然沒有撤換企業最高領導人，但是企業的管理階層還應有所變動，要撤換掉那些碌碌無為的管理人員，讓那些能應對企業內外部環境變化的優秀管理人員擔當要職。英國麥卡蘭公司就曾通過撤換企業行銷經理，而使企業產品銷售額連年遞增，增長率每年平均達 30%，最終使公司最薄弱的行銷環節得以迅速發展，也使企業最終擺脫了困境。

總之，管理層的變動，是企業改善管理，最終擺脫困境所必須採取的措施。

心得欄 ------------------------------

◎案例 26　提高產品品質

一、案例介紹

許多企業因為產品品質低劣而出現產品滯銷，使企業陷入困境；有些企業雖然產品品質較高，但是因為競爭對手產品品質提高了，或者消費者的要求提高了，產品也會出現滯銷。提高產品品質是企業擺脫困境的重要手段之一，因產品品質問題而出現危機的企業必須要依靠提高產品品質來擺脫困境。

總部設在德國巴伐利亞的阿迪達斯公司是世界上是最大體育用品廠商之一，擁有 4 萬多名職工，每年銷售額超過 20 億馬克。它聞名於世的一個重要原因就是它非常重視產品的品質。但在阿迪達斯公司的歷史上，也曾有過一段因產品品質問題而陷入困境的坎坷經歷。

1948 年，第 14 屆奧運會在英國倫敦舉行。在 7 月 29 日的馬拉松決賽中，比利時選手阿爾貝· 斯巴克一路遙遙領先。不料跑到一半時，他腳上穿的阿迪達斯運動鞋斷裂了，而且裂縫不斷擴大，眼巴巴地看著金牌落入他人之手。這一消息像長了翅膀一樣傳遍世界，使阿迪達斯公司信譽掃地。人們對阿迪達斯公司的產品品質產生懷疑，公司業務一落千丈。阿迪達斯公司面臨著一場有史以來最為嚴峻的考驗。

阿迪達斯公司決心盡一切力量挽回影響，對流落到世界各地的跑鞋，一律按原價收回，並向經銷商賠償了由此帶來的損失。同時，公司決心狠抓產品品質，經過精心的策劃，阿迪達斯公司引進當時一種新興的品質管制理論——全面品質管制(Total Quality Control),並在實踐中形成了一整套獨特的、近乎苛刻的品質管制體系。

1. 生產前的品質管制

首先,公司在產品生產之前,先根據顧客的要求以及公司的經費,對產品的品質目標作出明確的規定。公司品質管制部門與其他有關部門合作,負責對品質目標進行搜集、篩選和確定,然後將確定的品質目標分發給公司所有與生產有關的部門。

其次,生產部門在研究部門的配合下,通過對設計品質進行試驗性調查,找出設計中存在的問題,並對其內容進行修正和補充,確定技術參數。

最後,公司按技術參數在生產部門進行小批量的試製。它是成批生產的前提。公司嚴格地按照成批生產的條件並運用全部生產手段進行試製,把品質風險限制在最小的範圍內。

2. 生產階段的品質管制

阿迪達斯公司有句名言:「品質必須是生產出來的,而不是檢驗出來的。」

公司對每一件產品、每一道工序,都堅持 5W 的嚴格把關,即那些事情(What)、什麼地點(Where)、什麼時間(When)、什麼人(Who)、為什麼做(Why)、如何做、做得如何(How),將產品品質責任直接落實到個人。

阿迪達斯公司還專門僱用了近 2000 名品質檢驗人員,監督生產線上的品質問題。公司品質監察員定時檢驗產品的生產線,把不合格的產品送回重新生產,並把所有發現的錯誤列成統計圖表,以瞭解產品品質狀態。如果錯誤過多，監察員就把這種情況報告督導。督導有權力立即停止生產，直到找出癥結，加以修正後方可恢復生產。品質監察員隨時瞭解生產線上的品質狀況，並向督導作詳細的彙報，督導則必須承擔維持產品品質和產量的雙重任務。

品質管制人員檢驗過的產品，由品檢人員再次做徹底的檢查。只有這樣，公司才有一個比較客觀的品質評價體系。品檢部門負責人佈雷斯直言不諱地說，他必須找出每一件產品存在的缺陷，才算盡到職責。一般說來，宣傳自己產品的缺點並無好處，但是品檢人員所做的正是這種工作。

品檢部門遵循「無次品管理」原則，假定每一件產品品質的基分都是 100 分，但只要發現產品中有一個嚴重的錯誤，那麼這 100 分就要扣除。公司規定，如果產品品質問題嚴重到顧客不願繼續使用，或者產品使用壽命縮短，都要扣 100 分。即使是發生一些容易修正的缺點，也要扣基分 1～10 分。品檢部門最後總評的基分，是公司對生產部門進行獎懲的重要依據。

品檢人員在做了各種檢驗後，詳細地記載了產品的錯誤項目，並及時提出改進意見，使產品的品質標準不斷提高。檢驗完畢後，則將這些產品送回重新包裝，並附上他們的評分表。每星期五，品檢部門根據檢驗結果，擬定兩份報告，把所有有缺點的產品列成圖表，一份報告送交生產部門的主管，另一份則直接轉送公司總裁。總裁將命令生產部門的負責人詳細解釋這份報告，並督促處理存在的問題。此外，每月一次的公司董事會還安排了專門時間，對公司產品品質問題進行研討，並制定出新的對策。

3.銷售階段的品質管制

阿迪達斯公司將產品品質負責到底，為顧客提供優質、全面的售後服務工作。

公司在各經銷商店都設有專門的維修部，為顧客提供終身免費修理服務。公司還在每家出售阿迪達斯產品的商店放有許多小冊子，詳細地告訴顧客，如果對所購買的產品有不滿意的地方，應該如何處理。小冊子指導顧客，當發現產品有品質問題時，可以採取以下兩種處理方式：第一種方式是將產品送回商店，直接找售貨員進行退換，大約有 95%的顧客採用這種方式；第二種方式是將產品直接寄往公司，並附上自己的意見。通常，公司會很快給予答復，顧客會收到由公司寄來的一封信，信內附有一張全額或部份賠償金額支票。小冊子還進一步提醒顧客，假若對以上兩種方式的結果均不滿意，可以將產品送到消費者協會去接受測試，或訴諸於法律。

二、案例分析

由於阿迪達斯公司吸取教訓，狠抓產品品質，不僅很快擺脫了奧運會的陰影，而且在公眾心目中重新樹立起良好的形象。從此，阿迪達斯產品因其優良的品質而暢銷世界，成為許多經銷商的免檢產品。

◎案例 27　精簡組織，減少冗員

一、案例介紹

許多企業陷入困境，是因為機構臃腫，冗員過多，因此精兵簡政就成為這些企業擺脫困境必須採取的措施。即使企業過去不存在機構臃腫、冗員成堆的問題，在企業陷入困境後，也往往需要採取精兵簡政措施，以削減開支，降低成本。

1981 年，哈威· 鐘斯出任英國帝國化學工業公司的總經理。帝國化學工業公司是世界第五大化學工業公司，但此前其經營一直在走下坡路。哈威· 鐘斯要想使這樣一個「大廈將傾」的公司走出困境實在是任務艱巨。他在就職演說中，立下了軍令狀：如果不使公司振興，他將引咎辭職。但是，最終他並沒有引咎辭職，因為在他的領導下，公司扭轉了走下坡路的局面，取得了長足的發展。哈威· 鐘斯並沒有什麼秘密武器，要說有，就是他果斷地採取精兵簡政的措施。

哈威· 鐘斯上任後，首先從董事會開刀，把董事會的成員由 14 人銳減 8 人，原來那種議而不決、辦事拖拉的局面隨之得到改變，過去帝國化學工業公司的董事每人負責一個部門和一項中心工作以及海外某個區域的工作，每年兩次到設在米爾貝克的總部彙報工作，每人攜帶的報告多達幾十頁，根本不可能就每個問題進行認真的討論。由於機構臃腫，官僚主義盛行，公司效率很低。哈威· 鐘斯的這一舉措使董事會變得幹練多了。哈威· 鐘斯指定董事會的兩位委員負責公司的所有部門，三位委員負責公司財政中心計劃及科研技術工作，還有兩位負責海外業務。這樣分工就十分明確了，每個董事都必須認認真真地考慮如何發展自己的工作。他要求董事會每月都要研究制定公司的總體戰略，而董事們必須認真瞭解、檢查公司的經營狀況，對公司的現狀和未來瞭若指掌。這樣也就使公司董事會真正成為促進公司發展的力量。

哈威· 鐘斯年過花甲而出任帝國化學工業公司總經理，透過採取精兵簡政的措施，使公司得以振興，為他的企業家生涯畫上了一個圓滿的句號。

英國勞· 隆拉公司 20 世紀 70 年代中期以後一直處於穩步發展之中，並開始兼併其他企業，公司的規模不斷擴大，以至於在 1980 年英國發生危機之後，公司遇到了嚴重的困難。為了渡過難關，公司採取了精兵簡政的措施，對於虧損部門採取了出售、關閉或縮減的政策，減輕了公司的包袱。公司還對總部進行了大規模的人員精簡。透過這兩項措施以及其他一些措施，公司擺脫了困境。

二、案例分析

大多數企業在陷入困境時都必須甩掉壓在身上的沉重包袱，大大減少公司在人員等各方面的開支，以使企業組織機構更為協調、管理隊伍更加精幹，也為企業調整投資方向和生產結構提供了可能。精兵簡政同時也為公司各部門提高工作效率提供了壓力機制。

在採取精兵簡政的措施之前，企業要認真地研究，以確定精簡對象和新的管理結構以及新的投資與生產結構。但企業此項工作一完成，就必須立即行動。或許，實行精兵簡政最需要的，是企業最高領導人的勇氣。只有企業最高領導人下定決心，企業才會有重新崛起的希望。

◎案例 28　加強財務控制

一、案例介紹

米力波爾公司是美國高科技產業中一家頂尖的公司，專門從事物質分離業務。從開始創業的 1960 年到 1979 年這短短的 20 年間，公司取得卓越的業績，銷售額從不到 100 萬美元增加到 1.95 億美元，盈利從不到 10 萬美元增加到 1960 萬美元。

可在 1980 年，米力波爾公司的盈利開始下降，隨後兩年又出現了嚴重的虧損，公司處於一片混亂之中。米力波爾公司遭遇到的挫折有部份原因是由於它的主導市場變得嚴重低迷，但是內部因素才是真正的禍根。由於公司成功得太容易，子公司增加過快，董事會高估了自己的能力。他們一心追求業績，卻忽略了財務制度的完善，使公司無法掌握資金的流動。

總之，財務管理制度的不健全、財務管理的混亂，是公司衰退的根本原因，它直接導致了米力波爾公司經營狀況的惡化。為扭轉這種局面，公司領導層採取了一系列措施來加強對公司的財務控制：

在總公司和子公司都引入電腦財會信息管理系統，實行聯網操作，以便更迅速地得到各子公司的財務信息，也便於總公司對各子公司的財會控制。

實行嚴格的現金管理制度。公司定期編制嚴格的現金收支預算。目的在於利用盡可能少的資金，產生出最大限度的效益。總公司給各子公司都分配一定的現金額度，並要求各子公司每天上午

9：30 將其全天現金需要量上報，以便嚴格控制當天現金流量。除此之外，總公司還嚴格按照現金需要量對各子公司撥款，以加快現金流轉速度。

公司制定了全面系統的比率考核指標，作為檢驗各子公司財務狀況的標準。這些比率考核指標主要包括變現能力比率、債務與產權比率、資源運用效率比率、流動資金收轉率、現金流轉速率、財務收益率、資本利潤率等。每年年終，總公司根據各子公司的指標完成情況給予不同的獎勵或懲罰。

公司董事會委派一名董事專門負責財務管理事務，並完善了財務機構的建制，撤換了公司財務經理，賦予財務部門更大的自主權。

董事會定期召開會議，審核各子公司提供的財務資料，包括一份與預算值對比的盈利或虧損狀況的報告，以及原材料採購、間接費用、銷售額、直接勞力成本、毛利潤等有關情況和資金平衡表，還包括對未來三個月的財務情況預測及主要財務比率的計算值。

米力波爾公司加強財務管理後，很快扭轉了公司盈利下降、虧損持續增加的局面。從 1983 年起，公司盈利開始回升，到 1984 年，米力波爾公司創造出了破紀錄性的成績——盈利比上年上升了 48%，銷售額比上年上升了 24%，並從此步入一條健康發展的軌道。

英國的羅塔弗來克斯公司、鄉村資產公司都通過健全財務的辦法使企業度過了難關。蜜雪兒·懷特在任羅塔弗來克斯公司總裁後採取的一項主要措施就是引入財務管理信息系統，從而更迅速地獲得各子公司的財務報告，在此基礎上進行謀劃，促進了公司管理水準的提高。鄉村資產公司本來已有一個財務報告和控制系統，但在公司遭遇危機時，這套系統顯得很不適用，於是公司對這套系統進行了更新，從而使得公司總部可以及時瞭解公司各方面的財務狀況，為加強財務監督和控制起了良好的作用，幫助公司擺脫了危機。

二、案例分析

企業通過健全財務制度，加強財務控制，可以迅速增加企業的收入，可以減少開支和浪費，可以及時獲得第一手信息，為企業決策提供可靠的依據；也為企業及時發現問題提供了基礎，從而有利於企業及時採取相應的對策。因此，企業在陷入困境時應該將健全財務制度、加強財務控制作為一項重要的擺脫困境的手段。

資金是企業正常運行的主要因素，良好的財務管理是企業成功的必要條件之一。

失敗的管理者最明顯的失誤往往表現在對企業財務控制不力上。當一個企業缺乏對現金流量的控制、沒有完善的成本核算和會計信息系統時，往往會陷入企業財務控制不力的狀況。財權控制上的失誤又將導致企業在投資方向、遭受損失的原因及應該採取的對策等問題上處於混沌不清的狀態，這是企業陷入困境的一個最常見的原因。

當企業因財務管理鬆弛而陷入經營危機時，必須採取種種約束措施，例如加強現金流量管理和預算控制，提高財務信息品質，加強間接費用控制，建立一種現代化的財務制度，使企業脫離困境。當然，不是所有企業陷入困境都是因為財務管理混亂，但為了減少開支，降低成本，加快資金週轉，更有效地使用資金，也應該健全財務制度，這是使企業擺脫困境的一劑良方。

◎案例 29　降低成本

一、案例介紹

卡洛· 德爾貝代蒂是義大利最優秀的企業家。在義大利戰後動盪不安的商業與政治形勢下，德爾貝代蒂成功地挽救了奧利凡蒂公司，他也因此而出人頭地。

奧利凡蒂公司多年從事辦公用機器的生產，戰前「奧利凡蒂」牌打字機曾稱霸歐洲市場，暢銷世界各國。但戰後的奧利凡蒂公司卻顯現出衰退跡象。屋破偏逢連陰雨，20 世紀 70 年代美國國際商用機器公司生產的電動打字機開始席捲歐洲市場。奧利凡蒂公司由於經營不善、人浮於事、成本過高，處於極度困境之中；營業額巨大卻沒有利潤，債務高達 8.5 億美元，僅僅支付利息及提取償債基金就要花去營業額的 30%，而自有資本與債務相比，只是一個可笑的小數目——6000 萬美元。

就在奧利凡蒂公司行將倒閉之際，38 歲的德爾貝代蒂受命擔任總經理。德爾貝代蒂是一位年輕而有抱負的企業家，他立志恢復奧利凡蒂公司的名聲，並在歐洲市場上奪回領先地位。他對公司的「病情」作了一番詳細的調查：1977 年，公司人均年產值約為 25000 美元，而我們最強大的競爭對手人均產值則是 40000～55000 美元，更不用說與國際商用機器公司相比了。在這種情況下，該怎麼辦？很簡單，降低生產成本和提高生產率，診斷出病因後，德爾貝代蒂採取了一系列措施來降低公司的生產成本。

他採取的第一個有力的措施，就是針對公司人浮於事的狀況，大量裁減冗員。這也是許多陷入困境的企業常採用的一種降低成本的方法。德爾貝代蒂在第一年就全面縮減了約 6000 名員工，以後又達到 22000 人。

在三年多的時間裏，德爾貝代蒂通過削減成本，提高生產率，很快把奧利凡蒂公司從死亡的邊緣挽救了回來。奧利凡蒂公司迅速扭虧為盈，年營業額從 10 億美元上升到 20 多億美元，在西歐的辦公設備自動化生產廠商中首屈一指，成為歐洲最大的數據處理設備的生產廠家，並在世界電子打字機行業中雄居榜首。

二、案例分析

成本是為了生產和銷售一定種類一定數量的產品所支出的費用總額，包括原材料費用、燃料和電力費用、折舊費、薪資等。企業管理水準的高低、生產設備的利用效率、生產率的高低、原材料的節約或浪費等等，都反映在產品成本的高低上。

降低成本在使企業擺脫危機中具有重要的作用，加強企業成本控制，是企業在陷入困境時必須採取的一條對策。

心得欄 ------------------------------

◎案例 30　雀巢奶粉碘超標危機

一、案例介紹

1867 年，雀巢公司創始人，一位居住在瑞士的化學家亨利·雀巢先生，用他研製的一種將牛奶與麥粉科學地混制而成的嬰兒奶麥粉，成功地挽救了一位因母乳不足而營養不良的嬰兒的生命。由此開創了雀巢公司的百年歷程。雀巢的英文「Nestle」的意思是「小小鳥巢」，這個溫馨的鳥巢作為雀巢公司的標誌，深為消費者熟悉和喜愛，它代表著雀巢公司的理念：關愛、安全、自然、營養。雀巢公司是世界上第一大食品公司之一，位居歐洲第八大公司，世界第三十六大公司，雀巢在世界上是首個將乳酸桿菌應用於食品的企業。

2005 年 4 月下旬，浙江省工商局抽檢發現批次為 2004.09.21 的雀巢金牌成長 3＋奶粉碘含量達到 191.6 微克，超過其產品標籤上標明的上限值 41.6 微克，浙江省有關部門與雀巢聯繫，要求 15 天內予以答覆。5 月 9 日，雀巢表示承認檢測站檢驗結果。

5 月 25 日，浙江省工商局依據法律程序對外公佈：雀巢金牌成長 3＋奶粉為不合格產品，碘含量超過國家標準上限 40 微克。食品安全專家介紹，碘如果攝入過量會發生甲狀腺病變，而且兒童比成人更容易因碘過量導致甲狀腺腫大。消息一出，舉國震驚。隨之，雀巢選擇了迴避並抵賴的態度：26 日，雀巢明確表示不接受任何媒體採訪；27 日，雀巢中國公司在給各大媒體發佈的聲明中宣稱，雀巢碘檢測結果完全符合《國際幼兒奶粉食品標準》，雀巢金牌成長 3＋奶粉是安全的。

雀巢的聲明並沒有給市場帶來信心。5 月 27 日，在上海，聯華、歐尚等大超市紛紛將雀巢問題產品予以撤櫃，而家樂福已向全國發佈撤櫃通知。

5 月 29 日，在中國的中央電視台播出《雀巢早知奶粉有問題》，對雀巢早知 3＋奶粉存在問題卻任由其在市場繼續銷售提出批評。在節目中，雀巢發言人承認按國家標準，雀巢金牌成長 3＋奶粉是不合格的，但是她認為這批產品是安全的，雀巢無須回收這些產品。

雀巢的聲明，引起公眾和輿論的極大不滿。6 月 1 日，中國消費者協會公開指責雀巢公司不能自圓其說，公眾和媒體也對雀巢公司的姿態進行質疑。雀巢遭遇空前的信任危機。在這種壓力下，6 月 5 日，雀巢中國有限公司大中華區總裁向消費者道歉，次日宣佈問題奶粉只換不退。對於這一決定，消費者並不買賬，關於雀巢的批評聲見諸報端。在強大的公眾壓力下，雀巢表示可以退貨。

雀巢不負責任的態度，立即引來諸多媒體猛烈的批評，雀巢危機事件再度升級。繼全國各大超市將「雀巢」金牌成長 3＋奶粉全面撤櫃後，部份超市開始無條件退貨，迫於市場壓力，雀巢無奈宣佈回收問題奶粉，但雀巢緩慢的決策與處理結果令諸多消費者深感不滿。

城門失火，殃及池魚。金牌成長 3＋奶粉出事，連帶雀巢幾乎所有產品都受影響，越來越多知情的消費者到超市要求退貨，雀巢危機全面爆發。

在對浙江省工商局給予其申辯的 15 天裏，雀巢公司沒有做絲毫的說明，保持著驚人的沉默；面對央視的質詢，其新聞發言人不僅未對消費者表示絲毫歉意，還三次摘下採訪設備欲先行告退，最終還是不禮貌地中斷了採訪。

直到 27 日，雀巢才拋出一份「安全聲明」，聲明其產品符合中國食品安全相關規定的要求，聲明說，「根據中國營養學會公佈的《中國居民膳食營養素參考攝入量》，兒童碘攝入量的安全上限為每天 800 微克。我們產品中的含量要比它低 4～5 倍。」雀巢公司一位公關人士甚至對媒體打了這樣的比方：司機在車道上超速，不一定會出安全事故；呼吸到超標空氣的人，也並不會因此死去，所以「標準和安全」是兩碼事，吃點碘超標奶粉沒什麼不安全！正是靠這樣的「邏輯」，雀巢公司在消費者面前一直還在「傲慢」著，儘管期間也有幾聲有氣無力的道歉，但由於其堅信「產品是安全的」，即使道歉也顯得沒有誠意。

作為一家有著 130 多年歷史的食品業的跨國巨頭，「雀巢」在人們的印象中一直都是管理嚴格，品質無可挑剔的形象。但是，雀巢公司指定的新聞發言人在接受採訪時不得不承認：「按國家標準，這批產品是不合格的」。同時聲稱：「雀巢公司是在浙江省工商局公佈之後，透過媒體才瞭解到自己的產品碘含量超標」。

事實上，5 月 9 日就被告知產品的檢測結果，雀巢公司卻默然以對。被工商部門披露後，雀巢始終沒有透露超標奶粉的產量和銷售地區，至今未對不合格產品實行召回措施。

儘管雀巢承認奶粉不合格，但卻認為奶粉是安全的。並且還是那套一以貫之的說辭，「原料奶的碘含量不太平衡，幅度比較難控制」。但為何總是用這句「都是原料供應惹的禍」來推脫自己的責任？

其實，無論是在收奶點還是在檢測奶粉物理特性的實驗室裏，央視記者通過調查，在其生產的各個環節中，沒有發現關於檢測碘的任何痕跡。消費者至今沒有得到今後如何避免類似不合格產品繼續出現的明確答案。消費者只是聽到：「從農民養奶牛開始到收買到銷售，整個過程完全由我們雀巢掌控。但是這批含碘量超標的不合格產品，到底生產了多少，銷往那裏我不是很清楚」。

據《華西都市報》報導，雀巢超碘奶粉事件曝光後，5 月 28 日，成都劉女士以消費者的身份致信雀巢(中國)有限公司稱，她的女兒小佳(化名)自 2 個月大到現在，長達 4 年時間一直食用雀巢系列奶粉，目前因攝碘過多身患甲亢，她請雀巢公司就此給個答覆。

劉女士稱，至 2005 年 9 月份小佳就滿 5 歲了。由於母乳不足，小佳 2 個月大時就開始食用雀巢嬰兒奶粉，其間雖然換了幾款不同的產品，但雀巢的牌子一直沒換，現在每星期小佳要吃 1 斤左右的雀巢成長 3＋奶粉。小佳 3 歲多時，出現了眼睛外凸、脖子腫大、愛流汗等症狀。去年 7 月 28 日，劉女士把小佳送到華西醫院做檢查，結果發現小佳因攝碘過多，患上了嚴重的甲亢。此後小佳便開始了背著藥瓶上幼稚園的日子，但治病過程中未間斷吃雀巢成長 3＋奶粉。

5 月 27 日，劉女士看到雀巢奶粉「碘超標」的消息後，她立即懷疑女兒的甲亢和長期吃雀巢奶粉有關。28 日下午，劉女士致信雀巢公司，請雀巢公司幫助她調查一下此事。同時，她希望雀巢公司能坦誠地對她的懷疑作出答覆。

甲亢發病以中青年居多，發生在 4 歲以下孩子身上的情況比較少見。對於小佳的病因，醫生表示，由於甲亢存在多種誘發因素，他現在尚不能確定小佳的病是否與食用奶粉導致碘過剩有關，還需要做進一步的詳細檢查。不過小佳在患上甲亢症狀以後，如果繼續服用含碘食物，則不利於疾病的康復。

雀巢(中國)有限公司授權接待媒體的中國環球公關公司給媒體發來聲明稱：雀巢金牌成長 3+奶粉可以安全食用。聲明還給出了兩個背景資料：

⑴碘是身體和大腦正常生長和發育所不可缺少的微量元素。食物中碘的主要來源是乳製品、碘鹽和海產品等。

⑵根據中國營養學會公佈的《中國居民膳食營養素參考攝入量》，兒童碘攝入量的安全上限為每日 800 微克。

因此，上述檢測中所提及的碘含量不會帶來任何安全和健康問題，因為該產品中碘含量微少，比上述安全上限要低。請消費者、母親們、醫務工作者以及商界等所有相關各方放心，他們的產品確實是安全的。

28 日環球公關公司相關負責人證實，小佳母親的信她收到了，由於該公關公司只負責接待媒體，因此她已經將信件轉交到雀巢公司相關負責部門。她稱，雀巢公司一向把消費者的利益放在第一位，相信此事會得到妥善處理。

29 日下午 5 時許，中國環球公關公司負責接待媒體的人員稱，她知道這一情況，但雀巢公司對此尚無新聲明。

與對媒體的冷淡相比，雀巢對各大媒體的老總們卻異常熱情。據瞭解，雀巢已經分別找了一些新聞單位的領導，熱情地為自己洗白，想靠公關和廣告來「擺平」媒體。雀巢公司也悄悄地印製「新聞稿」發給消費者，看來雀巢並沒有把媒體的報導放在眼裏，依然是「超標但安全」的宣傳和「只換不退」的無力道歉。

來自政府部門的消息說，雀巢公司知道了檢測結果之後，就沒「閑著」，早早地跑到國家有關部門「登門誠懇認錯」，並「委屈」的把碘超標問題歸於「奶源」。

到 6 月 8 日以前，政府各相關部門都沒有表態，好在中國消費者協會一直支持消費者。在中消協和有關部門的建議下，雀巢公司不得已向中國消費者道歉。

6 月 8 日，國家標準委對「嬰兒配方乳粉中碘含量」問題公開表態：「碘不符合標準要求的嬰兒配方奶粉應禁止生產和銷售。」這個表態是國家權威部門首次對「雀巢奶粉碘超標」的有力回覆。國家質檢總局同時明確表示，相關質檢部門將對「問題奶粉」生產企業進行專項監督檢查，如發現問題，將禁止其生產和銷售。

2005 年 6 月 7 日，據《京華時報》報導，雀巢表示，如果消費者有疑慮並希望換貨，可以撥打其服務熱線，雀巢根據地址情況，將在 10 天左右時間裏將整改之後的產品送上門。

當記者詢問，如果有消費者堅持要求退貨，雀巢如何應對，對此雀巢公司有關負責人沒有表態。

一名雀巢的諮詢電話接線員則解釋稱，不能退貨的原因是，目前還不能證明這些碘超標產品對人體造成損害。「我們認為換貨是目前效率最高也是最好的解決方案」，雀巢公司公關部有關負責人說，之所以不退貨，是因為「產品本身是安全的，不會對身體造成不良影響」，即使消費者不換貨，也是完全可以繼續放心食用的。

據瞭解，此次發現的雀巢問題奶粉有 13.5 噸。如果雀巢同意退貨，按市場價格折算，這家跨國企業將損失龐大。

二、案例分析

對此，中消協消費指導部指出，根據相關的法律規定，產品一旦經檢驗證明不合格的，生產廠家應該主動召回或實行退換貨制度。如果有消費者在換貨時提出退貨要求，雀巢公司的工作人員應該為消費者辦理。

太原市消費者協會認為，雀巢公司這種行為屬於「霸王條款」，「根據《消費者權益保護法》規定，只要依法經有關行政部門認定為不合格的產品，消費者要求退貨，經營者應負責退貨。」雀巢單方面「只換不退」的做法已經侵犯了消費者的權益，並且屬於典型的「霸王條款」。消費者可以依法向當地消費者協會或工商部門進行投訴。

北京市律師協會消費者權益保護委員會認為，雀巢「只換不退」是沒有完全履行它應該承擔的責任。雀巢生產銷售了經檢測不合格的奶粉，應該承擔相應的法律責任。「消費者可以根據自己的需要主張是退、換貨或提出雙倍賠償要求的權利，(雀巢公司)不能單憑一紙道歉聲明，就限制消費者退貨賠償的權利，這是沒有完全履行其應承擔的責任。」國家行政部門應該對其生產銷售不合格產品的行為予以行政處罰並公示。

◎案例 31　巨能鈣「雙氧水風波」危機

一、案例介紹

巨能實業有限公司(巨能集團)是一家企業集團，主營業務有三個：保健品、藥業和食品業。到 2004 年 11 月份，巨能公司擁有藥業生產企業 6 家(均通過國家 GMP 認證)。巨能製藥涉及輸液、化學合成藥、原料藥和中藥產品。其中巨能塑瓶輸液生產能力和銷售均處於全國領先地位。

巨能還擁有醫藥商業 2 家，下屬 27 家醫藥銷售辦事處，產品銷售進入了 500 多家醫院，形成了遍佈全國的藥品銷售網路。巨能公司擁有 3 家保健品生產企業，經過多年努力，巨能在保健品業已發展為著名品牌，特別是遍佈全國的行銷網路，近 5 萬個銷售終端。

巨能鈣 1996 年下半年開始上市，並陸續在中國各地設立辦事處，剛開始時銷售業績平穩。

1999 年 3 月，巨能鈣第一次把鈣的作用進行形象定位：主治「腰酸背痛腿抽筋」，並以「腰酸背痛腿抽筋——請服巨能鈣」為廣告詞，透過各大媒體向全國推廣，一時間在各地引起強烈反響，消費人群也迅速達到了數百萬之眾。

巨能公司宣稱，到 1999 年巨能鈣的銷售額已達 2.8 億元人民幣，2000 年上半年巨能公司已實現銷售收入 2.6 億元。2000 年，巨能鈣打出「8 位博士、48 位科學家、100 項科學實踐、10 年嘔心瀝血，終於研究出一種產品，那就是巨能鈣」的廣告。經過八年的發展，公司的主打產品巨能鈣以其準確的市場定位、犀利的廣告訴求、策略性的廣告投放以及扎實的市場運作，長期位居補鈣產品的龍頭地位。

然而 2004 年 11 月 17 日的一篇報導，打碎了巨能鈣的美夢，巨能公司最終也沒有擺脫保健品市場「各領風騷三五年」的宿命，巨能鈣在市場上已經銷聲匿跡。

2004 年 11 月 17 日，《河南商報》發表題為《消費者當心，巨能鈣有毒》的文章，稱巨能鈣含有致癌和加速人體衰老的雙氧水。

據該報導披露，10 月 13 日，有業內人士向《河南商報》反映巨能鈣含有雙氧水的情況。記者迅速出擊，歷經一個多月的調查取證，兩次到農業部農產品品質監督檢驗測試中心進行檢測求證，最終證實巨能鈣系列產品中，多個品種殘留過氧化氫(雙氧水)有害化學物質成分。

商報記者在走訪大量醫學專家、食品專家後，綜合專家們對過氧化氫危害的論述，整理了過氧化氫的十大危害：

1. 過氧化氫可致人體遺傳物質 DNA 損傷及基因突變，與各種病變的發生關係密切，長期食用危險性巨大。

2. 過氧化氫可導致老鼠及家兔等動物致癌，從而可能對人類具有致癌的危險性。

3. 過氧化氫可能加速人體的衰老進程。過氧化氫與老年癡呆，尤其是早老性癡呆的發生或發展關係密切。

4. 過氧化氫與老年帕金森氏病、腦中風、動脈硬化及糖尿病性，腎病和糖尿病性神經性病變的發展密切相關。

5. 作為強氧化劑通過耗損體內抗氧化物質，使機體抗氧化能力低下，抵抗力下降，進一步造成各種疾病。

6. 過氧化氫可能導致或加重白內障等眼部疾病。

7. 通過呼吸道進入可導致肺損傷。

8. 多次接觸可致人體毛髮，包括頭髮變白，皮膚變黃等。

9. 食入可刺激胃腸黏膜導致胃腸道損傷及胃腸道疾病。

10. 小分子過氧化氫經口攝入後很容易進入體內組織和細胞，可進入自由基反應鏈，造成與自由基相關的許多疾病。

此報導一出，短短幾天內在全國引起了巨大反響，媒體紛紛對該報導進行轉載和跟蹤報導。包括中央電視台、《京華時報》、《南方都市報》、《南京晨報》、《重慶晨報》、《北京青年報》在內的 30 多家報紙媒體和 20 多家電視媒體進行了相關評論。

11 月 18 日，巨能公司發佈律師聲明，承認巨能鈣含有微量雙氧水，但不會對人體有危害。律師聲明原文如下：

本所律師（北京市天達律師事務所律師張仲和）受北京巨能新技術產業有限公司委託，就巨能鈣中含有微量雙氧水一事發表以下聲明：

1. 巨能鈣是經國務院衛生行政部門批准進行生產和銷售的。巨能鈣嚴格按照《食品安全性毒理學評價程式》的規定，進行了嚴格的毒理試驗，證明是安全的、無毒副作用的。聯合國糧食及農業組織、世界衛生組織聯合組織的食物添加劑專家委員會曾對雙氧水的安全問題進行評估，委員會認為，人體內腸道細胞的過氧化氫酶可以很快把雙氧水分解，因此攝入少量雙氧水不會有中毒危險。

2. 《河南商報》以巨能鈣含有雙氧水為由，於 2004 年 11 月 16 日刊登的題為《消費者當心：巨能鈣有毒》的文章有意混淆視聽，內容嚴重失實，屬不實報導。

3. 北京巨能新技術產業有限公司保留通過法律途徑追究《河南商報》法律責任的權利。

11 月 19 日下午 3 時 30 分，巨能公司在北京召開新聞發佈會，就《河南商報》報導回答記者提問。在發佈會上指出：「報導完全沒有根據。僅憑對部份巨能鈣產品的化驗結果就做演繹是不科學的。」公司將採取法律措施對該媒體提起訴訟。他還宣佈：巨能公司將請行政部門指定一家第三方權威機構，來對巨能鈣進行檢測。關於巨能鈣生產技術方面的問題，巨能公司相應給出了說明。圍繞巨能鈣「是否含有雙氧水」及「是否有毒」的問題，巨能鈣稱確實含有雙氧水。但雙氧水不是毒品，更不是劇毒品，在國際醫藥衛生領域都被大量使用。人體少量攝入雙氧水是沒有害的，但具體攝入多少劑量會有毒副作用，這還沒有一個相關標準。人體每天攝入 15～24 毫克雙氧水處於合理範圍內，而巨能鈣在說明書中規定了服入量(服用 1～4 片)，相當於每天攝入 1.2 到 2.0 毫克。而且這些少量的雙氧水在人體內也會被分解。

發展預期結果表示樂觀，他相信最終將靠科學來說明一切：「我相信我們的勝算是百分之百。」

同時，巨能公司發表《致全國媒體和消費者的一封公開信》，全文如下：

最近《河南商報》以《消費者當心，巨能鈣有毒》聳人聽聞的宣傳對我公司的產品巨能鈣進行惡意炒作。

該報僅以一兩項檢測出部份巨能鈣中含有微量雙氧水的結果就進行推斷演繹，把一個經過國家衛生部嚴格審查、篩選出的保健品定性為有毒產品，既不符合衛生部指定機構作出的巨能鈣「實際無毒」的事實，更缺乏科學依據。

巨能公司將本著對全國消費者健康負責的態度，要求國家權威部門和有關專家再次就巨能鈣「有毒無毒」進行評價。

感謝廣大消費者連日來給予的理解！歡迎全國媒體監督並給予客觀公正的報導！

當晚，《河南商報》予以堅決回應，稱銷售受損是巨能公司咎由自取，《河南商報》發表一份針鋒相對的聲明，聲明的全文如下：

19 日，巨能公司就《河南商報》揭露巨能鈣含有危害人體健康的過氧化氫的報導公開在媒體發表律師聲明，19 日下午又召開新聞發佈會再次對我報進行惡意攻擊。對此，作為《河南商報》的顧問，我代表《河南商報》作出如下初步反應：

1. 我們的報導依據的是一個最基本的事實和國家有關部門的成文規定。

(1)巨能鈣的部份產品經科學檢測確實含有過氧化氫，對此，巨能公司已承認不諱。

(2)根據衛生部制定的《食品添加劑使用標準》(GB2760-1996)在食品和保健品中不得被檢測出有過氧化氫殘留的規定。

2. 既然部份巨能鈣產品確實含有相關法規規定不應含有的有害物質。本報的報導就是有根據的、實事求是的，所謂嚴重失實的說法沒有任何依據。

3. 我們送檢的巨能鈣的樣品是從北京和鄭州的市場上直接購買的，為了證明這些樣品是巨能公司生產的，我們還專門讓巨能公司在河南的辦事處經理親自認證、核實過。送檢的樣品包裝完整，是由檢測機構開包開瓶進行檢測的，所謂樣品被「做手腳」之類的說法，純屬無根據的惡意猜測。

4. 我們發表這篇報導，目的只有一個：協助政府整頓混亂的保健品市場，保護消費者的合法權益和人民的身體健康、生命安全。在整個採訪和報導的過程中，我們的操作是客觀、科學和嚴謹的，所得出的結論也是有充分依據的。指責我們的報導是惡意炒作，恰恰是對我們的污蔑和傷害。

5. 巨能公司和他們的所謂專家把「巨能鈣是否含有毒成分過氧化氫」這一要害問題拋在一邊，又提出一個「過氧化氫含量多少才是能容許的」這樣一個偽問題。對此我們和巨能公司一樣無資格發表意見，他們的所謂專家說話也不算數。判斷這個問題是非的標準只能是國家現行的法規，例如《食品添加劑使用標準》(GB2760-1996)。究竟是誰在胡攪蠻纏、混淆視聽，社會各界自有公論。

6. 巨能公司聲稱，我們的報導傷害了他們的品牌聲譽，影響了他們產品的銷售，這是本末倒置，如果他們的產品不合有違規有毒成分，那裏會有我們的報導？如果巨能鈣的銷售因此受到影響，只能說是巨能公司咎由自取。

7. 巨能公司連日來的行為已經構成對《河南商報》和記者名譽權的嚴重侵害，我們保留通過法律途徑維護新聞媒體與新聞記者合法權益和人格尊嚴的權利。

2004 年 11 月 20 日，巨能公司總裁李成鳳，就雙氧水事件回答網友提問。

在聊天過程中，李成鳳回答網友巨能鈣到底有沒有毒的問題時，再次強調「巨能鈣既無毒也無害，是安全的」。「巨能鈣生產的過程，沒有添加任何的雙氧水，這個過程是沒有的，先說它是原料，L-蘇糖酸鈣這個原料帶來的……它是在 L-蘇糖酸鈣的生產技術過程，我們生產這個產品是用藥用劑維生素 C，它降解，降解的時候需要雙氧水做氧化劑，然後生成 L 酸酸，L 酸酸再跟我們的鈣結合，就得到了 L-蘇糖酸鈣這樣一個過程。所以在巨能鈣的生產過程當中並沒有加入雙氧水。」

當有網友問「既然現在事情已經出來了，大家可能會有誤會，也可能其中確實有一些問題存在，將來巨能公司是不是可以把雙氧水成分寫在說明書中？表明它不超過多少的含量，讓人們放心？」

李成鳳回答：「這個得看國家有沒有要求，如果國家沒有要求寫我們還不會寫，我們為什麼畫蛇添這個足呢？看國家有沒有要求，我們寫和不寫不是我們自己定的，標籤有審批辦法的，它要求有我們就寫，如果它沒有要求我們為什麼寫？」

當主持人問「剛才李總說到衛生部指定的檢測部門有權威性，巨能公司何時給公眾這樣一個檢測報告？是由衛生指定檢測部門說巨能鈣無毒無害？」

李成鳳回答說：「這個報告不是巨能做出的，首先不能承諾那一天能給的。如果說衛生部它調出它原來評價的東西，它認定沒有問題，它也許不做檢測了，它可能要公佈了。那麼如果它認為有必要，需要再重來一次毒理性的評價和實驗的話，不是我來叫的，而是衛生部要指定它們的機構來做的。」

「說什麼時間能給，看衛生部對這個問題的認識了，如果它認為這是一個一般性的常識，沒有必要做，那麼也許它就不做了。總而言之小姐問我什麼時間拿到這個報告，我不是衛生部長，我真是沒有辦法回答你，我只能說我們等，但是作為我們企業來說，由於這個問題我們受傷害，廣大的消費者肯定也存在疑問，作為我們來講，我們希望衛生部能夠早有決定，能夠早有結論，不僅是給我們一個結論，也給廣大的消費者和存有疑問的民眾一個結論，這是我的看法。」

「所以我在這裏鄭重地跟網友們講，這不是我能承諾得了的事情。」

而當網友問「假設有一天衛生部出具這樣一個結論，說巨能鈣含有雙氧水成分，對身體是有害的，那麼您公司將作出什麼樣的反應？」

李成鳳回答說：「這也不是我們公司做的反應，衛生部認定我們有害，一定得對我們處理，不是我們的反應，我們得等待著政府的處理。假如說是這樣，咱們也得假如，那個時候不是我們說怎麼樣的。」

當巨能公司高層做客新浪訪問的同時，《河南商報》接受了《鄭州晚報》專訪，稱《河南商報》有把握、有信心堅持到最後，呼籲主管部門做出進一步舉動，給消費者一個交代。他同時聲稱，巨能公司明知產品中含有過氧化氫卻隱瞞事實，實際上是對消費者的一種欺騙。

11 月 22 日《鄭州晚報》發表了《巨能鈣事件疑點重重鄭州市場銷售幾乎停頓》為題的質疑：

通過梳理連日來關於巨能鈣和巨能公司的報導，本報記者發現了諸多疑點。其一，在 11 月 19 日的新聞發佈會上，巨能公司總工程師劉志革稱，巨能鈣確實含有雙氧水，巨能鈣在生產過程中由於技術要求，需要添加雙氧水進行消毒，受到技術限制最終產品中會帶有一些雙氧水成分。

但在 11 月 20 日新浪聊天中，該公司董事長兼總經理李成鳳稱，巨能鈣在生產過程中沒有添加雙氧水。為什麼會出現這種前後矛盾的聲音？其二，衛生部衛生監督中心在接受記者採訪時表示，他們正在調閱當初巨能鈣申報的資料，將會同其他部門對此事進行調查。該中心表示，國家對雙氧水的使用範圍、使用量有嚴格控制，如果食品、保健品中含有雙氧水，報批時一定要事先告知主管部門。巨能鈣在 1996 年最初申報時，是否將含有雙氧水成分列入申報資料這個關鍵問題不得而知。其三，該公司聲稱添加雙氧水是技術需求，但出現了有的巨能鈣檢測出雙氧水而有的卻沒有雙氧水的現象？既然有的產品沒有被檢測出雙氧水，那巨能公司聲稱的技術需求就值得懷疑？……

11 月 23 日，中央電視台播出了巨能公司負責人當著記者面大吃巨能鈣的節目。面對記者，天津巨能化學有限公司總經理張興遠當場一次服用了 6 片巨能鈣。據張介紹，他每天都吃巨能鈣，已經食用 8 年了。

11 月 23 日下午，一位知情人向《市場報》爆料稱巨能鈣涉嫌用工業雙氧水代替食用級雙氧水。透露 1996 年巨能鈣公司剛成立時，其食用級雙氧水的原料來自於天津東方化工廠，當時食用級雙氧水的市場價格為 3800 元/噸。1997 年下半年，食用級雙氧水價格漲到 6000 元/噸。此時，巨能鈣公司考慮到生產成本，選擇了河北滄州大化集團有限公司生產的工業雙氧水，因其濃度跟食用級雙氧水濃度差不多，但價格相對很低。經過記者調查，天津巨能承認使用了 35%的工業雙氧水。

工業與食用雙氧水能否相互替代？

雙氧水依據用途分為食用級和工業級，來源不同。食用級雙氧水來源於水的電解法，可用於食品加工過程或者藥用，但是最終食品中不得檢出。而工業級雙氧水來源於蒽醌法，因為製備方法決定了工業雙氧水含有一定量的蒽、醌和重金屬等對人體有害的雜質，蒽和醌是已經在科學上被認定的致癌物。所以工業雙氧水只能用於造紙、印染等工業。

在衛生部制定的《食品添加劑使用標準》(GB2760-1996)中，雙氧水作為食品添加劑被嚴格控制使用。作為食品添加劑的雙氧水，其使用範圍限於生牛乳保鮮和袋裝豆腐乾。其中，用於生牛乳保鮮時，嚴格控制使用量，而使用範圍限於黑龍江、內蒙古地區，如需要擴大使用地區，須由省級衛生部門報請衛生部審核批准並按農業部有關實施規範執行。對於袋裝豆腐乾，限制為 0.86g/L，並且不得被檢出有殘留量。

被迫承認工業雙氧水的出現，讓巨能鈣在「雙氧水風波」中越陷越深。

11 月 26 日，巨能公司在各媒體發佈致消費者的致歉信，對於此次風波對消費者所造成的影響和不便，表示誠摯歉意。同時，巨能公司「懇請消費者對巨能鈣產品繼續給予支援，耐心等待政府權威部門評價結論」。

巨能公司在這封道歉信中稱，將全力配合國家主管部門的有關調查工作，耐心等待最終報告。針對部份消費者提出的疑慮，公司開設了 24 小時諮詢熱線電話。

此外，巨能公司表示，其產品在生產之初就通過了國家各部門嚴格的審批，產品品質標準都嚴格遵守國家有關部門確定的產品標準，並先後獲得中國醫學會、中國科學技術委員會等大批權威機構的認可。

在信中，巨能公司還表示：「無論結論如何，您均可以選擇退貨或繼續使用，公司對您所採取的行為均予尊重。這一期間如果您依然存有疑慮，建議您可考慮暫時停用。」

與此同時，在幾大門戶網站和 BBS 上，網友紛紛通過發帖子等形式對巨能鈣予以抨擊，尤其對於巨能鈣採取的公關處理方式表示不滿，很多網友指出，這算什麼道歉？！是打著「道歉」之名繼續狡辯！

衛生部於 2004 年 12 月 3 日通報了「巨能鈣含過氧化氫」的有關調查結果。通報稱，近日，媒體紛紛報導北京巨能新技術產業有限公司生產的巨能鈣含過氧化氫(雙氧水)可能致癌的消息，引起社會很大反響。衛生部高度重視此事，立即向巨能鈣生產企業——北京巨能新技術產業有限公司瞭解情況，並三次組織有關專家召開專題會議，聽取專家對此事的意見和建議，同時委託天津市衛生局和北京市藥品監督局做好對企業的調查取證工作。

過氧化氫(H_2O_2)是一種強氧化劑，具有消毒、殺菌、漂白等功能，在工業及醫療領域廣泛使用。在食品工業中，過氧化氫主要用於軟包裝紙的消毒、罐頭廠的消毒劑、奶和乳製品殺菌、麵包發酵、食品纖維的脫色等，也用做生產加工助劑。同時，過氧化氫也存在於空氣、水、人和植物、微生物、食品及飲料中。

據專家介紹，聯合國糧農組織和世界衛生組織聯合食品添加劑專家委員會的安全性評估和國際癌症研究中心的研究結果表明，尚無足夠證據認定過氧化氫是致癌物。香港食物環境衛生署曾對過氧化氫殘留高達 1.5%的魚翅進行評價，但無足夠證據表明過氧化氫具有致癌性。過氧化氫本身並不穩定，在攪動、加熱或光照後容易分解成水和氧氣，國際組織均未制定固體食品中過氧化氫的測定方法。

通報稱，按照巨能鈣的推薦食用量，產品中的過氧化氫殘留量在安全範圍內。從北京市藥監局和天津市衛生局的監督檢查情況看，目前尚未發現巨能鈣生產企業存在違法行為。

國家衛生部最終證明了巨能鈣是安全的，還了巨能公司一個清白，但是消費者對巨能鈣的信心再也無法挽回，一年後巨能鈣在市場上已經銷聲匿跡。

二、案例分析

巨能公司在整個危機公關過程中至少犯了如下五大敗筆：

1. 缺乏預警機制

2004 年《河南商報》一篇《消費者當心：巨能鈣有毒》的文章說，檢測檢驗結果顯示，巨能鈣不同程度地含有過氧化氫成分。文章還說，過氧化氫對人類具有致癌、加速人體衰老、縮短人壽命等諸多危害。

綜觀「巨能鈣風波」，從巨能鈣的說明書、外包裝標註，到公司默認巨能鈣含雙氧水，直至後來強調微量雙氧水無毒，預警機制在巨能公司顯然是不存在的。

事發前，巨能公司高層曾得知《河南商報》要報導此事，但沒有及時採取措施或給予合理解釋。而後作為新聞發言人甚至事前都不知道發生了這樣的事。事發之後，巨能公司也沒有達成統一的對外宣傳口徑。從後來的一系列表現來看，巨能公司準備得實在是很不充分。

更有甚者，巨能公司發言人甚至高層對自己產品本身都缺乏一個深入詳細的瞭解。面對採訪，竟然出現連自己都說不清的尷尬。

2.對抗傳播媒體

《河南商報》作為媒體行使監督權天經地義。況且，媒體從人民生命安全的角度出發，振臂一呼，無可厚非。而被質疑的巨能公司，也許最應該採取的解決方式是積極配合媒體的質疑，做出自己應有的解釋，或者是按照跨國大公司的慣例，不管產品有沒有問題，為確保萬無一失，都應該首先停止商品的銷售，甚至「召回」。等事情確有定論以後，東山再起也比較容易。PPA 事件中的中美史克就曾如此。但是巨能公司卻把更多的精力用在了對抗《河南商報》的質疑上。

「巨能鈣風波」發生三天后的 2004 年 11 月 19 日，巨能公司在《人民日報》、《經濟日報》等媒體發表律師聲明。同時，巨能公司在北京召開新聞發佈會表明態度：「我相信我們的勝算是百分之百。我希望大家拭目以待！」

動用媒體力量去對抗另一個媒體，這顯然是一個錯誤的選擇。這樣的直接後果是，《河南商報》將一直參與對巨能鈣的質疑。果然，就在當天，《河南商報》對巨能公司的媒體公關發表了七點回應。

雙方陷入僵持。但是對於危機，誰都知道越短時間結束越好，越少人知道越好。巨能公司的對抗行為顯然引起了更多人對事件的關注。同時，既然同為媒體，巨能公司邀請的媒體肯定也不會正面質疑《河南商報》的行為，因為大家都缺乏權威的聲音。

由於事件產生的影響越來越大，此事引起主管部門重視。在巨能公司緊急公關當日，北京市藥品監督管理局下屬的藥品檢驗所派工作人員前往巨能公司，隨機提取了巨能鈣樣品檢驗。

3.不正視問題嚴重性

「巨能鈣風波」三天后的新聞發佈會上，信誓旦旦地說，巨能鈣是嚴格按相關部門規定執行檢測程序的。巨能鈣屬於保健食品，不是藥品。巨能鈣「實際無毒」。表示「我相信我們的勝算是百分之百。」

但是一個事實是，當日 17 點，又強調「少量雙氧水無毒」。此後，巨能公司又說，中國保健協會將對「巨能鈣事件」組織專家進行專項討論。更出乎意料的是，對於巨能公司稱中國保健協會將對「巨能鈣事件」組織專家進行專項討論，11 月 23 日，中國保健協會卻稱根本沒有所謂專家討論這回事，這是巨能公司單方面的想法，協會並沒同意。

巨能公司曾派人來協會要求召開專家討論會。作為行業協會，有義務在所屬企業合法權益受到侵害時採取行動，但是「巨能鈣事件」顯然並不適合。在衛生部鑑定結果出來之前，所謂專家討論也為時尚早。

4.選擇公佈媒體失誤

企業的生命來源於市場。面對危機，巨能公司的第一舉措卻是求助於政治力量，但對民眾和消費者的加以忽視，達到讓人吃驚的地步。

巨能公司選擇了發佈律師聲明公告，但由於其發表的聲明是廣告性質和這兩家權威媒體的受眾對象的特殊性，其影響力並未到達消費者層面，而消費者的態度才是巨能公司最應關注的。

5. 缺乏和消費者的溝通

「態度決定一切」，但巨能公司處理問題的態度始終缺少真誠。不僅對於媒體如此，對於終端客戶——消費者更是如此。直到 2004 年 11 月 27 日巨能公司才想到發佈一個向消費者道歉的公開信，但此舉不僅太晚，而且莫名其妙——沒有做錯為什麼要道歉？公關不是逃避社會責任和化解企業危機的工作。但巨能公司的舉措即便不是出自主觀故意，客觀上也引起了受眾和消費者質疑。「公關」不等於「攻關」，重點在「公共關係」，在與受眾和消費者的關係處理上，巨能公司公關的焦點和重點始終不清楚，導致事倍功半。問題的焦點在於：對所認定的權威機構的爭議，對檢測結論的爭議，對雙氧水的危害性的認定。

媒體的功能是消除不確定性。「巨能鈣風波」之所以直到現在都難以平息，是因為始終沒有消除不確定性——是否含有雙氧水？雙氧水是否有毒？是否有害？在什麼程度上有害？試想，如果衛生部的調查結果能在 11 月 20 日前公佈，「巨能鈣風波」恐怕早已結束了。

149	展覽會行銷技巧	360 元
150	企業流程管理技巧	360 元
152	向西點軍校學管理	360 元
154	領導你的成功團隊	360 元
155	頂尖傳銷術	360 元
160	各部門編制預算工作	360 元
163	只為成功找方法，不為失敗找藉口	360 元
167	網路商店管理手冊	360 元
168	生氣不如爭氣	360 元
170	模仿就能成功	350 元
176	每天進步一點點	350 元
181	速度是贏利關鍵	360 元
183	如何識別人才	360 元
184	找方法解決問題	360 元
185	不景氣時期，如何降低成本	360 元
186	營業管理疑難雜症與對策	360 元
187	廠商掌握零售賣場的竅門	360 元
188	推銷之神傳世技巧	360 元
189	企業經營案例解析	360 元
191	豐田汽車管理模式	360 元
192	企業執行力（技巧篇）	360 元
193	領導魅力	360 元
198	銷售說服技巧	360 元
199	促銷工具疑難雜症與對策	360 元
200	如何推動目標管理（第三版）	390 元
201	網路行銷技巧	360 元
204	客戶服務部工作流程	360 元
206	如何鞏固客戶（增訂二版）	360 元
208	經濟大崩潰	360 元
215	行銷計劃書的撰寫與執行	360 元
216	內部控制實務與案例	360 元
217	透視財務分析內幕	360 元
219	總經理如何管理公司	360 元
222	確保新產品銷售成功	360 元
223	品牌成功關鍵步驟	360 元
224	客戶服務部門績效量化指標	360 元
226	商業網站成功密碼	360 元
228	經營分析	360 元
229	產品經理手冊	360 元

230	診斷改善你的企業	360 元
232	電子郵件成功技巧	360 元
234	銷售通路管理實務〈增訂二版〉	360 元
235	求職面試一定成功	360 元
236	客戶管理操作實務〈增訂二版〉	360 元
237	總經理如何領導成功團隊	360 元
238	總經理如何熟悉財務控制	360 元
239	總經理如何靈活調動資金	360 元
240	有趣的生活經濟學	360 元
241	業務員經營轄區市場（增訂二版）	360 元
242	搜索引擎行銷	360 元
243	如何推動利潤中心制度（增訂二版）	360 元
244	經營智慧	360 元
245	企業危機應對實戰技巧	360 元
246	行銷總監工作指引	360 元
247	行銷總監實戰案例	360 元
248	企業戰略執行手冊	360 元
249	大客戶搖錢樹	360 元
250	企業經營計劃〈增訂二版〉	360 元
252	營業管理實務（增訂二版）	360 元
253	銷售部門績效考核量化指標	360 元
254	員工招聘操作手冊	360 元
256	有效溝通技巧	360 元
257	會議手冊	360 元
258	如何處理員工離職問題	360 元
259	提高工作效率	360 元
261	員工招聘性向測試方法	360 元
262	解決問題	360 元
263	微利時代制勝法寶	360 元
264	如何拿到 VC（風險投資）的錢	360 元
267	促銷管理實務〈增訂五版〉	360 元
268	顧客情報管理技巧	360 元
269	如何改善企業組織績效〈增訂二版〉	360 元
270	低調才是大智慧	360 元
272	主管必備的授權技巧	360 元

275	主管如何激勵部屬	360 元
276	輕鬆擁有幽默口才	360 元
277	各部門年度計劃工作（增訂二版）	360 元
278	面試主考官工作實務	360 元
279	總經理重點工作（增訂二版）	360 元
282	如何提高市場佔有率（增訂二版）	360 元
283	財務部流程規範化管理（增訂二版）	360 元
284	時間管理手冊	360 元
285	人事經理操作手冊（增訂二版）	360 元
286	贏得競爭優勢的模仿戰略	360 元
287	電話推銷培訓教材（增訂三版）	360 元
288	贏在細節管理（增訂二版）	360 元
289	企業識別系統 CIS（增訂二版）	360 元
290	部門主管手冊（增訂五版）	360 元
291	財務查帳技巧（增訂二版）	360 元
292	商業簡報技巧	360 元
293	業務員疑難雜症與對策（增訂二版）	360 元
294	內部控制規範手冊	360 元
295	哈佛領導力課程	360 元
296	如何診斷企業財務狀況	360 元
297	營業部轄區管理規範工具書	360 元
298	售後服務手冊	360 元
299	業績倍增的銷售技巧	400 元
300	行政部流程規範化管理（增訂二版）	400 元
301	如何撰寫商業計畫書	400 元
302	行銷部流程規範化管理（增訂二版）	400 元
303	人力資源部流程規範化管理（增訂四版）	420 元
304	生產部流程規範化管理（增訂二版）	400 元
305	績效考核手冊(增訂二版)	400 元
306	經銷商管理手冊(增訂四版)	420 元
307	招聘作業規範手冊	420 元
308	喬・吉拉德銷售智慧	400 元
309	商品鋪貨規範工具書	400 元
310	企業併購案例精華(增訂二版)	420 元
311	客戶抱怨手冊	400 元
312	如何撰寫職位說明書(增訂二版)	400 元
313	總務部門重點工作（增訂三版）	400 元
314	客戶拒絕就是銷售成功的開始	400 元
315	如何選人、育人、用人、留人、辭人	400 元
316	危機管理案例精華	400 元

《商店叢書》

10	賣場管理	360 元
18	店員推銷技巧	360 元
30	特許連鎖業經營技巧	360 元
35	商店標準操作流程	360 元
36	商店導購口才專業培訓	360 元
37	速食店操作手冊〈增訂二版〉	360 元
38	網路商店創業手冊〈增訂二版〉	360 元
40	商店診斷實務	360 元
41	店鋪商品管理手冊	360 元
42	店員操作手冊（增訂三版）	360 元
43	如何撰寫連鎖業營運手冊〈增訂二版〉	360 元
44	店長如何提升業績〈增訂二版〉	360 元
45	向肯德基學習連鎖經營〈增訂二版〉	360 元
46	連鎖店督導師手冊	360 元
47	賣場如何經營會員制俱樂部	360 元
48	賣場銷量神奇交叉分析	360 元
49	商場促銷法寶	360 元
50	連鎖店操作手冊(增訂四版)	360 元
51	開店創業手冊〈增訂三版〉	360 元
52	店長操作手冊（增訂五版）	360 元
53	餐飲業工作規範	360 元

54	有效的店員銷售技巧	360 元
55	如何開創連鎖體系〈增訂三版〉	360 元
56	開一家穩賺不賠的網路商店	360 元
57	連鎖業開店複製流程	360 元
58	商鋪業績提升技巧	360 元
59	店員工作規範（增訂二版）	400 元
60	連鎖業加盟合約	400 元
61	架設強大的連鎖總部	400 元
62	餐飲業經營技巧	400 元

《工廠叢書》

13	品管員操作手冊	380 元
15	工廠設備維護手冊	380 元
16	品管圈活動指南	380 元
17	品管圈推動實務	380 元
20	如何推動提案制度	380 元
24	六西格瑪管理手冊	380 元
30	生產績效診斷與評估	380 元
32	如何藉助 IE 提升業績	380 元
35	目視管理案例大全	380 元
38	目視管理操作技巧(增訂二版)	380 元
46	降低生產成本	380 元
47	物流配送績效管理	380 元
49	6S 管理必備手冊	380 元
51	透視流程改善技巧	380 元
55	企業標準化的創建與推動	380 元
56	精細化生產管理	380 元
57	品質管制手法〈增訂二版〉	380 元
58	如何改善生產績效〈增訂二版〉	380 元
67	生產訂單管理步驟〈增訂二版〉	380 元
68	打造一流的生產作業廠區	380 元
70	如何控制不良品〈增訂二版〉	380 元
71	全面消除生產浪費	380 元
72	現場工程改善應用手冊	380 元
75	生產計劃的規劃與執行	380 元
77	確保新產品開發成功（增訂四版）	380 元
78	商品管理流程控制(增訂三版)	380 元
79	6S 管理運作技巧	380 元
80	工廠管理標準作業流程〈增訂二版〉	380 元
81	部門績效考核的量化管理（增訂五版）	380 元
82	採購管理實務〈增訂五版〉	380 元
83	品管部經理操作規範〈增訂二版〉	380 元
84	供應商管理手冊	380 元
85	採購管理工作細則〈增訂二版〉	380 元
86	如何管理倉庫（增訂七版）	380 元
87	物料管理控制實務〈增訂二版〉	380 元
88	豐田現場管理技巧	380 元
89	生產現場管理實戰案例〈增訂三版〉	380 元
90	如何推動 5S 管理（增訂五版）	420 元
91	採購談判與議價技巧	420 元
92	生產主管操作手冊(增訂五版)	420 元
93	機器設備維護管理工具書	420 元

《醫學保健叢書》

1	9 週加強免疫能力	320 元
3	如何克服失眠	320 元
4	美麗肌膚有妙方	320 元
5	減肥瘦身一定成功	360 元
6	輕鬆懷孕手冊	360 元
7	育兒保健手冊	360 元
8	輕鬆坐月子	360 元
11	排毒養生方法	360 元
13	排除體內毒素	360 元
14	排除便秘困擾	360 元
15	維生素保健全書	360 元
16	腎臟病患者的治療與保健	360 元
17	肝病患者的治療與保健	360 元
18	糖尿病患者的治療與保健	360 元
19	高血壓患者的治療與保健	360 元
22	給老爸老媽的保健全書	360 元
23	如何降低高血壓	360 元
24	如何治療糖尿病	360 元
25	如何降低膽固醇	360 元
26	人體器官使用說明書	360 元

27	這樣喝水最健康	360 元
28	輕鬆排毒方法	360 元
29	中醫養生手冊	360 元
30	孕婦手冊	360 元
31	育兒手冊	360 元
32	幾千年的中醫養生方法	360 元
34	糖尿病治療全書	360 元
35	活到 120 歲的飲食方法	360 元
36	7 天克服便秘	360 元
37	為長壽做準備	360 元
39	拒絕三高有方法	360 元
40	一定要懷孕	360 元
41	提高免疫力可抵抗癌症	360 元
42	生男生女有技巧〈增訂三版〉	360 元

《培訓叢書》

11	培訓師的現場培訓技巧	360 元
12	培訓師的演講技巧	360 元
14	解決問題能力的培訓技巧	360 元
15	戶外培訓活動實施技巧	360 元
17	針對部門主管的培訓遊戲	360 元
20	銷售部門培訓遊戲	360 元
21	培訓部門經理操作手冊（增訂三版）	360 元
22	企業培訓活動的破冰遊戲	360 元
23	培訓部門流程規範化管理	360 元
24	領導技巧培訓遊戲	360 元
25	企業培訓遊戲大全(增訂三版)	360 元
26	提升服務品質培訓遊戲	360 元
27	執行能力培訓遊戲	360 元
28	企業如何培訓內部講師	360 元
29	培訓師手冊（增訂五版）	420 元
30	團隊合作培訓遊戲(增訂三版)	420 元
31	激勵員工培訓遊戲	420 元

《傳銷叢書》

4	傳銷致富	360 元
5	傳銷培訓課程	360 元
7	快速建立傳銷團隊	360 元
10	頂尖傳銷術	360 元
12	現在輪到你成功	350 元
13	鑽石傳銷商培訓手冊	350 元
14	傳銷皇帝的激勵技巧	360 元
15	傳銷皇帝的溝通技巧	360 元
19	傳銷分享會運作範例	360 元
20	傳銷成功技巧（增訂五版）	400 元
21	傳銷領袖（增訂二版）	400 元
22	傳銷話術	400 元

《幼兒培育叢書》

1	如何培育傑出子女	360 元
2	培育財富子女	360 元
3	如何激發孩子的學習潛能	360 元
4	鼓勵孩子	360 元
5	別溺愛孩子	360 元
6	孩子考第一名	360 元
7	父母要如何與孩子溝通	360 元
8	父母要如何培養孩子的好習慣	360 元
9	父母要如何激發孩子學習潛能	360 元
10	如何讓孩子變得堅強自信	360 元

《成功叢書》

1	猶太富翁經商智慧	360 元
2	致富鑽石法則	360 元
3	發現財富密碼	360 元

《企業傳記叢書》

1	零售巨人沃爾瑪	360 元
2	大型企業失敗啟示錄	360 元
3	企業併購始祖洛克菲勒	360 元
4	透視戴爾經營技巧	360 元
5	亞馬遜網路書店傳奇	360 元
6	動物智慧的企業競爭啟示	320 元
7	CEO 拯救企業	360 元
8	世界首富　宜家王國	360 元
9	航空巨人波音傳奇	360 元
10	傳媒併購大亨	360 元

《智慧叢書》

1	禪的智慧	360 元
2	生活禪	360 元
3	易經的智慧	360 元
4	禪的管理大智慧	360 元
5	改變命運的人生智慧	360 元
6	如何吸取中庸智慧	360 元
7	如何吸取老子智慧	360 元

8	如何吸取易經智慧	360 元
9	經濟大崩潰	360 元
10	有趣的生活經濟學	360 元
11	低調才是大智慧	360 元

《DIY 叢書》

1	居家節約竅門 DIY	360 元
2	愛護汽車 DIY	360 元
3	現代居家風水 DIY	360 元
4	居家收納整理 DIY	360 元
5	廚房竅門 DIY	360 元
6	家庭裝修 DIY	360 元
7	省油大作戰	360 元

《財務管理叢書》

1	如何編制部門年度預算	360 元
2	財務查帳技巧	360 元
3	財務經理手冊	360 元
4	財務診斷技巧	360 元
5	內部控制實務	360 元
6	財務管理制度化	360 元
8	財務部流程規範化管理	360 元
9	如何推動利潤中心制度	360 元

分類

為方便讀者選購，本公司將一部分上述圖書又加以專門分類如下：

《企業制度叢書》

1	行銷管理制度化	360 元
2	財務管理制度化	360 元
3	人事管理制度化	360 元
4	總務管理制度化	360 元
5	生產管理制度化	360 元
6	企劃管理制度化	360 元

《主管叢書》

1	部門主管手冊（增訂五版）	360 元
2	總經理行動手冊	360 元
4	生產主管操作手冊（增訂五版）	420 元
5	店長操作手冊（增訂五版）	360 元
6	財務經理手冊	360 元
7	人事經理操作手冊	360 元
8	行銷總監工作指引	360 元
9	行銷總監實戰案例	360 元

《總經理叢書》

1	總經理如何經營公司(增訂二版)	360 元
2	總經理如何管理公司	360 元
3	總經理如何領導成功團隊	360 元
4	總經理如何熟悉財務控制	360 元
5	總經理如何靈活調動資金	360 元

《人事管理叢書》

1	人事經理操作手冊	360 元
2	員工招聘操作手冊	360 元
3	員工招聘性向測試方法	360 元
5	總務部門重點工作	360 元
6	如何識別人才	360 元
7	如何處理員工離職問題	360 元
8	人力資源部流程規範化管理（增訂四版）	420 元
9	面試主考官工作實務	360 元
10	主管如何激勵部屬	360 元
11	主管必備的授權技巧	360 元
12	部門主管手冊（增訂五版）	360 元

《理財叢書》

1	巴菲特股票投資忠告	360 元
2	受益一生的投資理財	360 元
3	終身理財計劃	360 元
4	如何投資黃金	360 元
5	巴菲特投資必贏技巧	360 元
6	投資基金賺錢方法	360 元
7	索羅斯的基金投資必贏忠告	360 元
8	巴菲特為何投資比亞迪	360 元

《網路行銷叢書》

1	網路商店創業手冊〈增訂二版〉	360 元
2	網路商店管理手冊	360 元
3	網路行銷技巧	360 元
4	商業網站成功密碼	360 元
5	電子郵件成功技巧	360 元
6	搜索引擎行銷	360 元

《企業計劃叢書》

1	企業經營計劃〈增訂二版〉	360 元
2	各部門年度計劃工作	360 元
3	各部門編制預算工作	360 元

4	經營分析	360 元
5	企業戰略執行手冊	360 元

當市場競爭激烈時：

培訓員工，強化員工競爭力是企業最佳對策

「人才」是企業最大的財富。如何提升人才，是企業永續經營、戰勝對手的核心競爭力。積極培訓公司內部員工，是經濟不景氣時期的最佳戰略，而最快速的具體作法，就是「**建立企業內部圖書館，鼓勵員工多閱讀、多進修專業書籍**」

建議您：請一次購足本公司所出版各種經營管理類圖書，作為貴公司內部員工培訓圖書。 使用率高的（例如「贏在細節管理」），準備 3 本；使用率低的（例如「工廠設備維護手冊」），只買 1 本。

經營顧問叢書 316　　售價：400 元

危機管理案例精華

西元二〇一五年七月　　初版一刷

編輯指導：黃憲仁

編著：　李家修

策劃：麥可國際出版有限公司（新加坡）

編輯：蕭玲

校對：劉飛娟

發行人：黃憲仁

發行所：憲業企管顧問有限公司

電話：(02) 2762-2241　(03) 9310960　0930872873

電子郵件聯絡信箱：huang2838@yahoo.com.tw

銀行 ATM 轉帳：合作金庫銀行　帳號：5034-717-347447

郵政劃撥：18410591　憲業企管顧問有限公司

登記證：行政業新聞局版台業字第 6380 號

本圖書是由憲業企管顧問（集團）公司所出版，以專業立場，為企業界提供最專業的各種經營管理類圖書。

圖書編號 ISBN：978-986-369-022-1